日記で読む日本史2

# 平安貴族社会と具注暦

山下克明 著

倉本一宏 監修

臨川書店

# 目次

# はじめに

日本は「古暦の国」であると言ってよい。奈良の正倉院には天平十八年、同二十一年、天平勝宝八歳具注暦など、断簡ながらまとまった暦が残るのをはじめとして、平安時代中期の長徳四年からは藤原道長が具注暦に記した日記『御堂関白記』の自筆原本が一四巻伝えられている。このほかにも多数の日記や暦の紙背を再利用したもの、断簡で残っているものも含めると、古代から中世末まででもその数は一〇〇〇点を上回っている。

中国の宋代以前では、実際に残る古暦の遺品は陵墓から出土する竹簡や敦煌など辺境より発見されたものが多く、中原で使用された暦はほとんど残らないし、朝鮮半島でも李朝以後のものがみられるだけである。それらと比較すれば、日本にいかに多くの古暦が残されていたかがわかる。

暦はその年を過ぎると「こぞのこよみ」(去年の暦)と言って、不要なものの代名詞となる。それなのになぜ、このように古暦が多く残されているのであろうか。理由としては、外国からの侵略がほとんどなく多くの文化財が破壊からまぬがれたこと、暦を盛んに利用し王朝文化を伝えた貴族たちの家が存続したことなど、伝統的な文化財が多く伝えられた日本の歴史的特性が考えられるが、なかでも「こぞのこよみ」がほぼ完全な形で残されている主要な理由は、『御堂関白記』の例をはじめとして、多くの貴族たちが暦に日記を書きつけ、それが伝えられたからであろう。

本書はそのような暦と平安貴族文化、その一環として暦と日記との具体的な関係を考察することを目的とする。

ところで暦の本来の機能は、天の運行に従い時間を画し、農耕や祭祀などの時期を明らかにして社会生活を秩序立てることにあった。日本では五、六世紀ころから百済を経て中国の太陽太陰暦が伝えられ、倭王権による支配の要具となったと考えられる。中国では儒教的理念により、皇帝は天子として至上神である天の命を受け支配を行うという観念を有したため、暦は政治権力の象徴として支配地域に頒布され、また漢の太初暦以降、頻繁に改暦が行われたように暦法の改革が志向された。日本でも律令国家の形成の伴い平安時代前期までに五度の中国暦による改暦が行われ、陰陽寮の暦博士が暦を造り天皇のもとから諸官衙へ頒布された。そこに暦の政治的役割があった。

しかしその影響はそれだけではなかった。中国起源の暦法の大きな特色は干支で年月日を表す、いわゆる干支紀年・紀日法を用いるため干支五行説、陰陽五行説と不可分の関係にあることでにある。六〇をサイクルとする干支の連続は陰陽五行説による吉凶の消長・循環と関わり、それにより時間と空間に多様な性質・吉凶があるとする占いの世界と連動していたのである。そのため暦の形式も干支と関わる様々な吉凶事項、暦注を書き連ね具備する具注暦として作成され、漢代には原初的な具注暦が形成され、隋・唐初以前にその形式は整えられた。

多様な中国文化を受け入れた日本でも、七世紀頃からこのような暦意識と具注暦という形式を受け継ぎ、その後日本的な展開をみせることになる。とくに平安時代には陰陽道が成立し、貴族社会では日時の吉凶、方角の吉凶観念が増幅するなかで、日々参照した具注暦は彼らの生活に不可欠な存在となっていった。

本書ではこのように古代中世の社会と深く関わった具注暦の理解を深めるために、まず第一章で中国での具注暦の成立過程を検討し、ついで古代日本における受容の様相をみていく。第二章では平安時代の前期における日本的な具注暦の形成と、その具体的内容を取り上げるとともに、暦家賀茂氏の成立と暦の貴族社会への供給形態について説明する。ついで第三章では貴族社会における利用の実態、具注暦と平安貴族文化との関わりの諸相を検討する。第四章ではなぜ日本で暦が日記の料紙として使用されたのか、またその利用状況は実際に如何なるものであったかなど、平安時代を中心に貴族社会と具注暦、日記との関係を考えたいと思う。

なお、引用した漢文資料は読み下しに改めたが、具注暦は仮名暦と違い本来仮名を使用しない真名暦であるため原文のままとし、必要に応じて括弧付けで読み下しを付した。

# 第一章　具注暦とは何か

この章では古代中国における太陰太陽暦の形成と、古代の暦の出土状況、暦注が付され具注暦が成立する過程と王朝による頒布の制度などを概観する。ついで飛鳥・奈良時代の日本における受容と展開、唐と日本の具注暦の形式や、律令制下での暦の頒布制度などについて具体的に検討したいと思う。

## 一　中国における具注暦の形成

### 暦の形成

古くから文明が起こった中国では、農耕を行うために季節の移り変わりを正しく知ることが早くから求められた。春に種をまき夏にかけて作物が成長し秋に収穫する、その季節の循環は太陽の黄道上の位置によるが、これを正確に知り一年を画したのが暦である。暦を作ることが人々を率い支配するシンボルでもあり、その作成と頒布は王の重要な権能でもあった。殷王朝を討ち破った周では、新たに天に坐す天帝を最高神として尊び、天の委任を受けた有徳の王者が地上を支配し、徳を失えば天命は革まり他の有徳者に支配を委ねるとする天命思想が成立する。暦はその天帝が主宰した天の運行を具体化したものであり、古代の聖王堯の言行を記したという『書経』堯典に、「羲和(ぎか)に命じて欽んで昊天にしたがい、日月星辰を暦象し、敬んで民に時を授ける」とあるように、君主は羲氏・和氏などのような天文家に天象を観測させて民に時、つまり暦を授けることを務めとした。

中国ではすでに殷代に、一年を太陽の公転周期をもととしながら、ひと月を月の満ち欠けで数える太陰太陽暦が行われていた。太陰太陽暦は本来整合関係のない月（太陰）と日（太陽）の運行周期を二、三年に一度閏月を置くことで調和を図ろうとするものであり、殷代ではその置閏法は確立していなかったが、周代を経て春秋時代（前七七〇年～前四七六年）になると、太陽が南中したときに一年で日影が最も長く夜も長い冬至、日影が最も短く昼が長い夏至の二至、その中間で昼夜の長さが同じとなる春分・秋分の二分が測定されて一年の長さが正確に知られるようになった。続いて二至・二分の中間の立春・立夏・立秋・立冬の四立、これらの中間の節気が加わり、今日まで使われる二十四節気が成立してこれにより正しく季節を知ることが可能になった。一太陽年と一朔望月の整合する周期を一九年七閏（一九年間に閏月を七回置く）、一年を三六五日と四分の一とする四分暦が成立して、秦ではこれを用いて顓頊暦と呼んだ。

ついで前漢の武帝は秦から漢への王朝交代を天命に基づくとする政治的理由付けから、日月定数の数値を若干変更させた太初暦を作らせ、太初元年（前一〇四年）にはじめて改暦を行った。この暦法によって月の一巡りの間（一朔望月）に二十四節気の中気を含まない月を閏月とする置閏法が確立し、ここに伝統的な中国暦法の基礎が定まることになった。[1]その後、中国の暦法は観測技術の向上にともない月や太陽の不等運動、歳差の発見など精密性を増すが、それとともに王朝交代などの政治的理由もあって前後四九回に及ぶ暦法の改定が行われることになるのである。

表1　二十四節気表

| 四季 | 節月 | 節気 | 中気 | 太陽暦* |
|---|---|---|---|---|
| 春 | 正月 | 立春 | | 2月4日 |
| | | | 雨水 | 2月19日 |
| | 二月 | 啓蟄（驚蟄） | | 3月6日 |
| | | | 春分 | 3月21日 |
| | 三月 | 清明 | | 4月5日 |
| | | | 穀雨 | 4月20日 |
| 夏 | 四月 | 立夏 | | 5月6日 |
| | | | 小満 | 5月21日 |
| | 五月 | 芒種 | | 6月6日 |
| | | | 夏至 | 6月22日 |
| | 六月 | 小暑 | | 7月7日 |
| | | | 大暑 | 7月23日 |
| 秋 | 七月 | 立秋 | | 8月8日 |
| | | | 処暑 | 8月23日 |
| | 八月 | 白露 | | 9月8日 |
| | | | 秋分 | 9月23日 |
| | 九月 | 寒露 | | 10月8日 |
| | | | 霜降 | 10月24日 |
| 冬 | 十月 | 立冬 | | 11月8日 |
| | | | 小雪 | 11月22日 |
| | 十一月 | 大雪 | | 12月7日 |
| | | | 冬至 | 12月22日 |
| | 十二月 | 小寒 | | 1月6日 |
| | | | 大寒 | 1月20日 |

＊現行太陽暦は年により1日ほどずれることがある。

## 出土した暦書

では実際の暦はどのようなものであったのだろうか。近年の中国では古代の陵墓の発掘に伴って竹簡・木牘（もくとく）（木札）に記された秦漢代の暦（暦譜・質日ともいう）や、日の吉凶などを記した占いの書である「日書」の出土が相次いでおり、それまで知られなかった古代の人々の生活文化や信仰を明らかにするものとして注目されている。

暦では、墓主は秦南郡の少吏と推測される湖北省荊州市の秦墓から秦始皇帝三四年（前二一三）・三六年・三七年暦譜、二世皇帝元年（前二〇九）暦譜などが出土しており、これらが古い例である。漢代では湖北省江陵県の漢墓より前漢高祖五年（前二〇二）から一二年の暦譜や文帝前元七年（前一七三）の「七年質日」が、湖北省随州市の漢墓より景帝の後元二年（前一四二）暦譜が、山東省臨沂県の漢墓より武帝の元光元年（前一三四）暦譜が、そして江蘇省連雲港市の漢墓より成帝の元延元年（前一二）、元延二年、元延三年暦譜などが出土している。[2] 伝世品を含め整理すると表2のようになる。

これらの暦のなかでも注目されるのは、暦所有者である地方少吏の公務出張などに関する簡単な記録があるものであり、1の周家台、秦始皇帝三十四年暦譜には、閏月を含む三八三日中につぎのような記事がある。[3]

「（十二月）丙辰（二十日）守丞登　史竪除到」（守丞が登る。史の竪除が到る）

「（正月）甲午（二十八日）宿竟陵」（竟陵に宿す）

表2　主な秦漢暦

| | | |
|---|---|---|
| 1 | 秦始皇帝三十四年（前二一三）暦譜 | 湖北省荊州市・周家台三〇号秦墓 |
| | 同　三十六年（前二一一）暦譜 | 同 |
| | 同　三十七年（前二一〇）暦譜 | 同 |
| | 二世皇帝元年（前二〇九）暦譜 | 同 |
| 2 | 秦始皇帝二十七年（前二二〇）質日 | 嶽麓書院蔵秦簡 |
| | 同　三十四年（前二一三）質日 | 同 |
| | 同　三十五年（前二一二）質日 | 同 |
| 3 | 前漢高祖五年（前二〇二）～十二年（前一九五）暦譜 | 湖北省江陵県・張家山二四七号漢墓 |
| | 前漢文帝前元七年（前一七三）質日 | 同一三六号漢墓 |
| 4 | 前漢文帝前元十年（前一七〇）～後元七年（前一五七）暦譜 | 湖北省雲夢県・睡虎地漢簡 |
| 5 | 前漢景帝後元二年（前一四二）暦譜 | 湖北省随州市・孔家坡漢簡 |
| 6 | 前漢武帝元光元年（前一三四）暦譜 | 山東省臨沂県・銀雀山二号墓 |
| 7 | 前漢成帝元延元年（前一二）暦譜 | 江蘇省連雲港市・尹湾簡牘 |
| | 同　元延二年（前一一）暦譜「元延二年日記」 | 同 |
| | 同　元延三年（前一〇）暦譜 | 同 |

「（二月）壬子（十七日）治鉄官」（鉄官を治す）

これらは暦の所有者である官吏が周辺の動静や、自身の出張などを記したものであり、このような記事が五三件みられる。

また、7の尹湾の元延二年暦譜にも、

「（正月）六日戊辰　宿家」（家に宿す）
「（正月）十日壬申　旦謁宿舎」（旦に宿舎に謁す）
「（正月）二十三日乙酉　宿彭城伝舎」（彭城の伝舎に宿す）
「（正月）三十日壬辰　莫至府輒謁宿舎」（府に至ることなく宿舎に謁す）

などと、三五四日中に一八一件の墓主師饒の行動を示す記録があり、[4] よってこの資料は「元延二年日記」と称されている。

そのほかにも、伝世品で2の嶽麓書院蔵秦簡の始皇帝二七年（前二二〇）質日などにも記述がある。これらの資料について高村武幸氏[5]は、暦の所持者が一日単位でその日の身辺の出来事・関心事を書き留めたものであり、公務関連の内容が多いとはいえ個人的なもので、非常に簡潔でありまた原始的ではあるが所謂「日記」の範疇に入れて考えることができると述べている。

さらにそのような資料は中国の辺境からも見いだされている。「居延漢簡」の暦譜断片のなかも書き込みがあり、その他暦譜でないもののロプノール漢簡に駅伝・宿泊施設に勤務する官吏の記録がある。これらから高村氏は、辺郡・内郡を問わず、日々の公私の出来事を個人的に記録しておく習慣は珍しくなかったこと、日記の記者は地方官衙の少吏層が多く、記載内容は公務関連が中心であり、普通の簡牘に記す場合と暦譜の余白に記す場合があった、とのことを指摘している。

### 出土資料の日書

陵墓からの出土資料で暦とともに注目されるものに、日の吉凶選日に関する文献である「日書」がある。その主なものを掲げたのが表3である。

このうち1の湖北省江陵県・東周五六号墓は、戦国晩期の上層庶民クラスの墓とみられるが、出土した九店楚簡「日書」は現存最古のものとされる。2の陝西省天水市は戦国末秦本土の地であり、その放馬灘一号秦墓からは甲・乙二種の日書が出土している。秦に入って3の湖北省雲夢県・睡虎地一一号秦墓から二種の日書が出土し、墓主の喜は戦国末から秦南部の諸県の少吏であったという。さらに4の湖北省江陵県・王家台一五号秦墓やその他、湖北省荊州市・周家台三〇号秦墓、湖北省江陵県・江陵岳山秦墓などからも出土している。5の随州孔家坡漢簡の「日書」は前漢の日書を代表するものとされ、「建除、叢辰、星、盗日、禹須臾所以見人日、生子、艮山、徙時、刑徳、反支、置室門、視羅、時、入官、筑室、五勝、行日、土功、歳」などの多様な篇名がある。(6)

表3　出土日書の主要篇名

| | |
|---|---|
| 1 | 湖北省江陵県九店楚簡「日書」（戦国時代晩期）<br>「建□、結陽、四時十干宜忌、六甲宜忌、遇、十二支宜忌、四時方位宜忌、歳、内月、朔、衣」 |
| 2 | 甘粛省放馬灘秦簡「日書」（甲乙二種）<br>「月建、建除、亡盗、吉凶、禹須臾、人日、生子、禁忌」など |
| 3 | 湖北省雲夢県睡虎地秦簡「日書」（甲乙二種）<br>「除篇、農事篇、男日女日篇、歳篇、星篇、病篇、祭祀篇、諸良日篇」など |
| 4 | 湖北省江陵県王家台秦簡「日書」<br>「建除・稷辰・啓門・置室・生子・病・疾・死・宜忌・日忌」 |
| 5 | 湖北省随州市孔家坡漢簡「日書」<br>「建除、叢辰、星、盗日、禹須臾所以見人日、生子、艮山、徙時、刑徳、反支、置室門、視羅、時、入官、築室、五勝、行日、土功、歳」など |

日書が記す事項のいくつかを説明すると、建除とは後に暦に付され十二直と呼ばれるもの。建・除・満・丙・定・執・破・危・成・収・開・閉で、これを日の十二支ごとに配当してその吉凶を示すものであり、その配当を表示すると表4のようになる。

この建除の配当は節月ごとに行われるものである。節月とは立春正月節の日から啓蟄二月節の前日までを正月節、啓蟄二月節から清明三月節の前日までを節月の二月節とするもので、後述する暦注の多く

表4　建除十二直配当表

| 節月＼建除 | 建 | 除 | 満 | 平 | 定 | 執 | 破 | 危 | 成 | 収 | 開 | 閉 |
|---|---|---|---|---|---|---|---|---|---|---|---|---|
| 正 | 寅 | 卯 | 辰 | 巳 | 午 | 未 | 申 | 酉 | 戌 | 亥 | 子 | 丑 |
| 二 | 卯 | 辰 | 巳 | 午 | 未 | 申 | 酉 | 戌 | 亥 | 子 | 丑 | 寅 |
| 三 | 辰 | 巳 | 午 | 未 | 申 | 酉 | 戌 | 亥 | 子 | 丑 | 寅 | 卯 |
| 四 | 巳 | 午 | 未 | 申 | 酉 | 戌 | 亥 | 子 | 丑 | 寅 | 卯 | 辰 |
| 五 | 午 | 未 | 申 | 酉 | 戌 | 亥 | 子 | 丑 | 寅 | 卯 | 辰 | 巳 |
| 六 | 未 | 申 | 酉 | 戌 | 亥 | 子 | 丑 | 寅 | 卯 | 辰 | 巳 | 午 |
| 七 | 申 | 酉 | 戌 | 亥 | 子 | 丑 | 寅 | 卯 | 辰 | 巳 | 午 | 未 |
| 八 | 酉 | 戌 | 亥 | 子 | 丑 | 寅 | 卯 | 辰 | 巳 | 午 | 未 | 申 |
| 九 | 戌 | 亥 | 子 | 丑 | 寅 | 卯 | 辰 | 巳 | 午 | 未 | 申 | 酉 |
| 十 | 亥 | 子 | 丑 | 寅 | 卯 | 辰 | 巳 | 午 | 未 | 申 | 酉 | 戌 |
| 十一 | 子 | 丑 | 寅 | 卯 | 辰 | 巳 | 午 | 未 | 申 | 酉 | 戌 | 亥 |
| 十二 | 丑 | 寅 | 卯 | 辰 | 巳 | 午 | 未 | 申 | 酉 | 戌 | 亥 | 子 |

はこの節月ごとに配当がきまり、これを「節切り」といった。たとえば正月節の寅の日は「建」、つぎの卯の日は「除」、辰の日は「満」と以下平・定・執・破・危・成・収・開・閉と続くもので、これが節月ごとに二月節の卯の日が「建」と繰り下がっていった。この建除の吉凶に関しては、『史記』「日者列伝」（褚少孫の補記）に、漢の武帝が占家を集めて「娶婦」（嫁取り）の吉日を諮問した中に五行家・叢辰家・暦家・天人家・太一家とともに建除家があり、古くからその専門家が存在したことが知られる。建除の占いの一例をあげると、睡虎地秦簡、甲種の日書にはつぎのようにある。

建日：良日なり。嗇夫（しょくふ）（役人）になるべし。祀るべし。早に利あり、暮に利なし。人に入り、冠を始め、乗車すべし。有為なり、吉。

定日：蔵すべし。官府、室祀りをなす。

また、孔家坡漢簡の日書の「刑徳行時」は、日の十干とその時の時間帯（鶏鳴、蚤食、日中、餔時、日入）の関係で行為の吉凶を占うものであり、「禹須臾所以見人日」は、日の十二支とその日の時間帯との関係から吉凶を占うものであった。

このように日書にはさまざまな日常行為の吉凶説が取り上げられていたが、工藤元男氏は、戦国時代に五行説が普及するとともに、五行説によって行為に関わる凶日と方位・色との関係を説く者が登場するようになった。それが日者であり、日書はそのような占いの内容を編んだ書で、暦譜や種々の占卜書とともに出土することが多く、これらは官吏の公務出張と一定の関連する可能性がある、などのことを指摘している。

具注暦の形成

日書に説く吉凶項目や神名（後の暦注・神煞）に関わる択日は干支で表わされるが、この占日の機能を暦上に示したのが具注暦であった。工藤氏や大野裕司氏が指摘しているように、建除家十二直、その他の神煞はしばしば前漢元光元年（前一三四）暦譜や居延漢簡・敦煌漢簡などに見える。(7) 元光元年暦譜は三二簡からなり、第二簡に縦書きで十月大・十一月小・十二月大以下、後九月小までの月名を記し、次簡以降は上部に一日から順に三十日までの日付を記し、その下に各月の日付に対応した干支を記したもので、つまり竹簡を横に並べて横に日を追う暦であったが、干支のほかに暦注では反支・臘（ろう）・初伏（三伏）が記されている。永始四年（前一三）暦譜では、月の大小、朔・二十四節気干支のほかに、暦注に初伏・後伏が見える。

敦煌漢簡の後漢和帝永元六年（九四）暦譜にはつぎのように、建除（十二直）・反支・血忌・天李・八魁などの暦注が記載されている。

「十二月大　十六日戊辰平全　七月廿七日壬午開天李
□日癸丑建大寒　十七日己巳平全八魁　廿八日癸未閉反支
□日甲寅除八魁　十八日庚午反支　廿九日甲申建□
罐　□　十九日辛未執　卅日乙酉除」（正面）

「十日癸巳執□□
十一日甲午破血忌天李　廿二日乙巳
□二日乙未危白□□□　廿三日丙」（背面）

その後の資料から暦注を載せる暦の展開を追うと、敦煌吐魯番出土暦書の北魏太平真君十一年（四五〇）・十二年暦日（敦煌研究院368）には太歳・太陰・大将軍の所在方位、月朔干支・十二直に二十四節気干支・社・臘・月食などの注記がある。
さらに時代を経て、唐の顕慶三年（六五八）具注暦日（TAM210 : 137/1-3）の記載は次のように整えられている。

〔正〕月大
〔一日〕甲申水破　歳位陽破陰衝
〔二〕日乙酉水危　歳位小歳後、往亡、葬吉
〔三〕日（景）丙戌土成　歳對小歳後
四日丁亥土収　歳對小歳後、嫁娶・母倉、移徙・修宅吉
五日戊子火開　歳對、母倉、加冠・入学・起土・移徙・修井竈・種蒔・療病□
六日己丑火閉　歳對、帰忌、血忌
□□□□□□　三陰狐辰

唐では武徳二年（六一九）から麟徳元年（六六四）まで戊寅暦が用いられていたから、この具注暦の形式はそれによるものであろう。このような暦注の記載形式は宋代にまで継承されており、これによって漢代から建除十二直などの注記を伴う「具注暦」が形成され、隋・唐初頃には一応形式の成立を見たこ

とが知られるのである。そののち明代前後から暦書は木版刷りの冊子形式となり画一化され清代の時憲書などにつながるが、隋唐の具注暦の形が日本へも伝えられ、長く用いられることになる。

## 唐代の頒暦

中国における暦はこのように諸種の暦注を備える具注暦として行われたが、それはどのように頒布されたのであろうか。

隋唐では天文観測や編暦は太史局の任務であり、『唐六典』巻十、太史令には「天文を観測し、暦数を稽定し、（中略）毎年預め来歳の暦を造り、天下に頒つことを掌る」とあり、その下に司暦二人、保章正（暦博士）一人、暦生三十六人、装書暦生五人がおり、「司暦は国の暦法を掌り、造暦して以て四方に頒つ」とみえる。その頒布に関する規定は明らかではないが、唐令に準拠した日本の養老令の条文などから推定して、太史令から皇帝への暦奏を経て中央・地方官衙（また朝貢国）へ頒賜されたとものとみられる。また官衙以外に官人・庶民にもさまざまな書写ルートを経て暦は行きわたったと考えられるが、安史の乱を経て、中央権力が弱体化する八世紀末から暦の統制や頒布制度の破綻に関連する史料が見られるようになる。

『新五代史』司天考には、建中年間（七八〇〜八四）に術者曹士蔿が古法を変じて顕慶五年（六六〇）を以て上元とし、立春に替えて雨水を歳首とする新法をはじめ、「符天暦」と号したが、世にこれを小暦と言い、ただ民間で行われたという。民間の術者が編成した暦法であり、のちに我が国の宿曜道成立に大きく影響した。また『冊府元亀』巻百六十には、文宗の太和九年（八三五）に「十二月丁丑、東川節度使表馮宿、勅に准じて印暦日版を禁断ぜんことを奏す。剣南・両川及び淮南道、皆、版印の暦日を以て市に鬻（うる）、毎歳司天台のいまだ奏して新暦を頒下せざるに、その印暦すでに天下に満つ。敬授の道に乖くこと有り、故に命じてこれを禁ず」とある。東川節度使の表馮宿が、剣南・両川および淮南道の広域で版印の暦日が市場で売られ、朝廷の司天台が新暦を頒布しないうちに暦が天下に満ちていると奏したので、これを禁ずる勅が出されたといい、私的な版印暦が出回っていたことが知られる。

唐末になるとさらに唐朝は混乱するが、頒暦制度も大いに乱れ、『唐語林』巻七には、「僖宗蜀に入る。太史の歴〔暦〕本、江東に及ばず。しかして市に印貨の者有り、毎に互の朔晦差（たが）いて、貨者は各の節候を征し、因って争執す」とある。黄巣の乱により僖宗は中和元年（八八一）に蜀に逃れるが、そのころ太史の暦本が江東に行きわたらず、偽暦の発売者のあいだで訴訟が起ったことを伝えている。

そのような中で、市井での暦の受持を伝えるのが日本の遣唐請益僧円仁であった。円仁の在唐日記『入唐求法巡礼行記』開成三年（承和五年・八三八）十二月二十日条には、「新暦を買う」とあり、揚州開元寺に滞在中であった円仁は年末に一般に売られていた新暦を購入している。また求法遂行のため帰国する遣唐使から離れて唐に残り、赤山法華院に留住していた同五年正月十五日の条には、当地では暦の購入はできなかったものの具注暦の抄本を得て、つぎのように開成五年暦の暦日を書き写している。

十五日、当年の暦日の抄本を得たり。写し著すこと左の如し。

開成五年暦日干金、支金、納音木。凡三百五十五日。合在乙、巳〔乙〕上取土修造。大歳申　大将軍在午
大陰在午　歳徳在申酉　歳刑在寅　歳破在寅　歳殺在未　黄幡在辰　豹尾在戌　蠶宮在巽
正月大　一日戊寅、土、建。四日。得辛。十一日。雨水。廿六日。驚蟄。
二月小　一日戊申、土、破。十一日、社、春分。廿六日、清明。
三月大　一日丁丑、水、閉。二日、天社。十二日、穀雨。廿八日、立夏。
四月小　一日丁未、水、平。十三日、小満。廿八日、芒種。
五月小　一日丙子、水、破。十四日、夏至。十九日、天赦。
六月大　一日乙巳、火、開。十一日、初伏。十五日、大暑。廿日、立秋。
七月小　一日乙亥、土、平。二日、陰伏。十五日、処暑。
八月大　一日甲辰、火、成、白露。五日、天社。十五日、社。十六日、秋分。
九月小　一日甲戌、火、除。二日、寒露。十七日、霜降。
十月大　一日癸卯、金、執。二日、立冬。十八日、小雪。廿日、天赦。
十一月大　一日癸酉、金、収。三日、大雪。廿日、冬至。
十二月〔大〕一日癸卯、金、平。三日小寒。十八日、大寒。廿六日、臘。
　右件の暦日は具註を勘過せり。

円仁はこの年の暦のうち、冒頭の一年の日数や八将神などの方角を記した暦序部分と、十二か月毎の

月朔干支・納音（五行）・十二直、二十四節気などを記した暦抄本を書写し暦注を校合している。これらをみれば前後日数を数えたり月の満ち欠けによってその日がわかるし、二十四節気で季節の移り変わりが知られる。円仁はこれをもとに求法の旅を敢行し、日記を書き続けたのである。

以上のように唐代末期の九世紀では木版暦が出され、また偽暦も横行していたが、敦煌で見いだされた「大和八年（八三四）木刻具注暦」（ロシア科学アカデミー東洋学研究所蔵敦煌遺書）、「乾符四年（八七七）印本具注暦」（S・P. 6）、「中和二年（八八二）剣南西川成都府樊賞家印本暦日」（S・P. 10）など多様な木版具注暦は、そのような実態の一端を示しいている。

また十一世紀の新羅でも宋の版暦が用いられていたことは、『春記』長暦三年（一〇三八）閏十二月二十八日条に、「関白命じて云はく、唐暦一日持ち来る。新羅国は唐暦を以てこれを用ゐると云々。仍て去る夏に密々帥の許へ遣はし、今日持ち来る所也。摺本也」とあり、大宰府を介して取り寄せた「唐暦」が摺本であったことからも知られる。なお、『元史』食貨志によると天暦元年（一三二八）の例で官暦の発行部数は、大暦は二二〇万二二〇三本、小暦は九一万五七二五本、回回暦（イスラム暦）は五二五七本で計三一二万三一八五本にも及んでおり、その市場規模の大きさが知られる。

このように中国では秦漢代の簡牘に記された暦が出土し、そのご、暦に吉凶注などを記した暦が確認され、以後隋唐までには定式化した具注暦ができあがっていた。また暦に日記を記す官吏の遺品も見られるが、その数はそれほど多くはなく、内容は所有者の勤務に関するメモ書き程度のものにとどまっていたようである。平安時代に貴族たちが具注暦に記す日記とは性格的に大きく異なるものといえる。中国では暦は伝世品として残りにくいという事情もあるが、相違の理由としては、書入れスペースが少ない木版暦の普及が早かったこと、より根本的には第四章で述べる日記を必要とした社会条件の違いがあったことによると思われる。

## 二　飛鳥・奈良時代における具注暦の受容

### 古代の暦の受容

いわゆる『魏志』倭人伝の裴松之注に『魏略』を引用して、

　その俗、正歳四節を知らず。但し春耕・秋収を計りて年紀となすのみ。

とみえるのが三世紀頃の日本の状況を示すものとされる。この段階では正歳四節つまり暦による歳首と立春、立夏、立秋、立冬の四立をはじめとした二十四節気による四季の区別は未だ使用されず、季節の循環による農耕の種蒔・刈取りをもって年の経過を知るのみであったという。

　そのご倭王権と各地の政治勢力との抗争と連携、中国の王朝や朝鮮半島諸国との外交の過程で、年月・暦の利用は必要不可欠なものとなったと考えられる。五世紀後半の雄略朝期のものとされる埼玉県行田市稲荷山古墳出土の鉄剣銘には「辛亥年七月中記」と年干支と暦月の使用があり、熊本県菊水町の

表5　日本で行われた暦法

| | 暦法 | 編者 | 施行年 | 施行年間 |
|---|---|---|---|---|
| 中国の暦法 | 元嘉暦 | 何承天 | 推古十二（六〇四）カ | — |
| | 儀鳳暦 | 李淳風 | 文武元（六九七）カ | 六七 |
| | 大衍暦 | 僧一行 | 天平宝字八（七六四） | 九四 |
| | 五紀暦 | 郭献之 | 天安二（八五八） | 四 |
| | 宣明暦 | 徐昂 | 貞観四（八六二） | 八二三 |
| 日本の暦法 | 貞享暦 | 渋川春海 | 貞享二（一六八五） | 七〇 |
| | 宝暦暦 | 安倍泰邦ら | 宝暦五（一七五五） | 四三 |
| | 寛政暦 | 高橋至時ら | 寛政十（一七九八） | 四六 |
| | 天保暦 | 渋川景佑ら | 弘化元（一八四四） | 二九 |

江田船山古墳出土の鉄製太刀銘にも「八月中」とある。いわゆる倭の五王の時代には宋などとの正式な国家間交渉もあり、年月表記が用いられ始めていたことが知られる。

　ついで六世紀頃に本格的な暦の受容が始まる。『日本書紀』欽明天皇十五年（五五四）には朝廷の要請に応えて百済から暦博士が来朝したとあるから、このころまでには朝鮮半島の百済を介して直接に暦の知識が伝えられたことはほぼ確実であろう。但し、この段階では百済の暦博士が編纂した暦を用いるのみであったと考えられ、日本でも暦学が学習されるようになるのは七世紀に入ってからであった。

　『日本書紀』の推古天皇十年（六〇二）十月の条には、百済から僧観勒が来朝して暦本・天文地理書・遁甲方術書を朝廷に献じたので、朝廷では書生三、四人を選んで観勒に従いそれぞれの学術を学ばしめ、みな習得することができたとある。これと対応するように『政事要略』巻二十五に引く「儒伝」には、推古天皇の十二年正月朔日から初めて暦日が用いられたとあり、観勒が伝えた暦法により日本でも独自に暦を編纂して、それが使用されるようになったことが知られる。但し、その利用は朝廷内外の一部に限られていたようで、九世紀の暦家大春日真野麻呂は、「豊御食炊屋姫（推古）天皇十年十月、百済国の僧観勒始めて暦術を貢ず、而して未だ世に行はれず」（『三代実録』貞観三年六月十六日条）と述べている。

百済は南宋の元嘉暦を用いたので日本でもそれに倣ったとみられる。そのご文武元年（六九七）頃から唐の儀鳳（麟徳）暦、天平宝字七年（七六三）から大衍暦、天安二年（八五八）からは五紀暦との併用を経て、貞観四年（八六二）から宣明暦が採用され、これが江戸時代の貞享改暦まで八〇〇年余り行われ続けたことはよく知られている。

七世紀末の天武・持統朝になると国家機構はしだいに整備され、それとともに暦博士の設置、暦の利用も広がったことと思われ、『日本書紀』の天武天皇四年（六七五）正月には、暦や天文、占いのことをつかさどる陰陽寮（おんようりょう）の名がはじめて見え、『政事要略』巻二十五所引の「右官史記」には、持統天皇元年（六八七）正月「暦を諸司に頒つ」とあり、諸官庁への暦の頒布が開始されたことが知られる。

### 律令制下の頒暦制度

大宝元年（七〇一）の大宝律令の制定によって、天皇を中心とする中央集権的官僚制国家が成立すると、暦に関する諸規定も整えられた。

律令国家は公民支配をその基礎とし、公民を戸籍に登録して土地を班給し、そこから租・庸・調等の税を収取して国家の財源とした。また中央には太政官の下に八省・諸寮司が設けられ、地方には国郡が置かれ官制機構が整備され、政府の命令はそれらを通して徹底することが期待された。いうまでもなく租税の徴収や政令等のさまざまな行政事務は、月日を限って行うことにより、はじめて国家の円滑な運営が保たれた。令文にもたとえば「田令」23班田条に、「凡そまさに班田すべくば、班年ごとに正月三十日内に太政官へ申せ。十月一日に起こり京国の官司、預め校勘して簿を造れ。十一月一日に至り受くべき人を捴集して対して共に給ひ授けよ。二月三十日内に訖らしめよ」と、班田の日程を規定している。このようなさまざまな政務上の期日は、当然暦の利用と普及を前提としなければ達成できないことであり、暦は国家支配のうえで必要不可欠な存在であった。

では暦はどこでつくられ、どのようにして頒布されたのであろうか。律令制では中央の中務省の下に陰陽寮が置かれた。陰陽寮は占術・天文・暦と漏剋（水時計）をつかさどる当時の科学技術官庁であり、その職員には陰陽頭・助・允・属の事務官僚と、陰陽師・陰陽博士・暦博士・天文博士・漏剋博士の技術官僚があり、また専攻別に学生が置かれた。暦の担当者はもちろん暦博士であり、律令制では、「職員令」9陰陽寮条に「造暦及び暦生等を教ふることを掌る」と規定している。

また「雑令」6造暦条には、「およそ陰陽寮、毎年預め来年の暦を造れ。十一月一日、中務に申し送り、中務奏聞し、内外の諸司に各の一本を給ふ。並に年前に所在に至らしめよ」とあり、翌年の暦を陰陽寮が造り毎年十一月一日に中務省へ送り、天皇への奏上を経て内外の諸司に支給された。さらにその

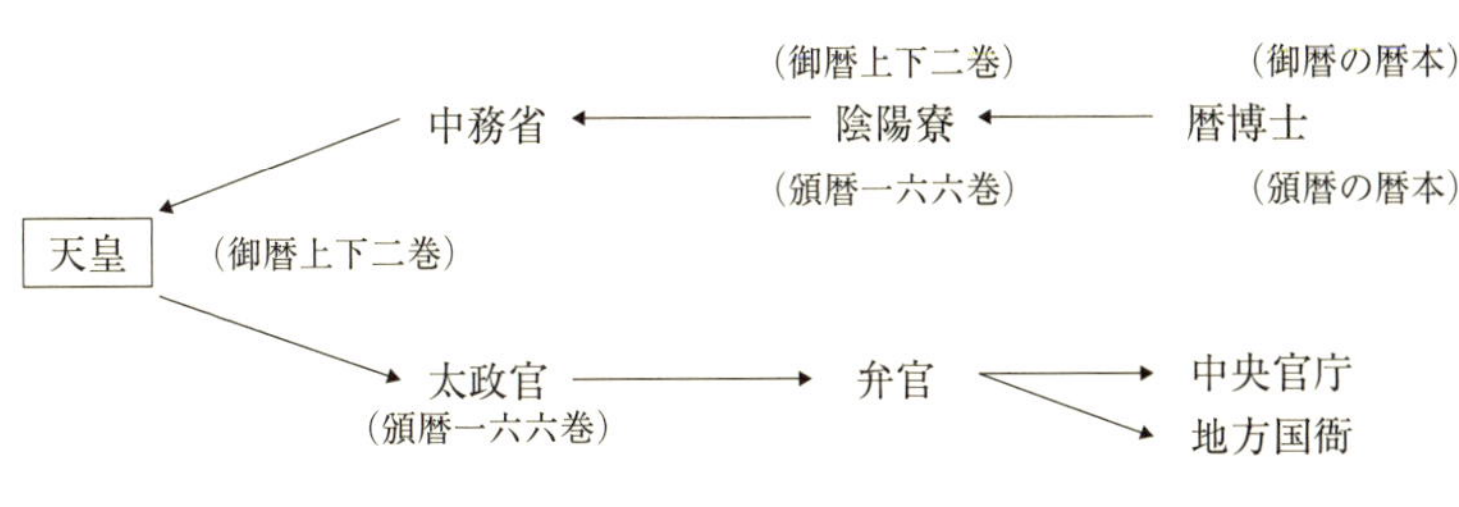


職務を明確にするため令の施行細則を記した『延喜式』巻十六陰陽寮を参照すると、暦博士は、毎年所定の期日までに具注御暦・頒暦（ともに具注暦）と七曜御暦（日月五星の位置を示した天体暦）の三種類の暦本（暦の見本原稿）をつくり陰陽寮へ提出するとある。これから暦博士の役割が中国伝来の暦経等の典籍をもとに暦日を計算して暦本を作成することにあったことがわかる。

つぎに陰陽寮は、それらの暦本をもとに、必要部数を清書し装丁を施して正式な暦に仕上げるが、『弘仁式』逸文及び『延喜式』巻十六陰陽寮進暦条に「具注御暦二巻、六月以前を上巻と為す、七月以後下巻と為す、」「頒暦一百六十六巻」とあり、天皇用の御暦は一年分上下二巻、また諸司に配る頒暦は一六六巻作成することになっていたが、これは一年分一巻であった。頒暦も上下二巻で一年分とする説もあるが[8]、頒暦制度が衰退した平安中期以降の御暦奏で奏上される頒暦が七巻・五巻と奇数であったから、頒暦は一巻一年分であったことは明らかである[9]。なお『延喜式』陰陽寮に、御暦の料紙は四七張、頒暦の料紙は一巻一六張（一六六巻で二六五六張）を要したとある。また御暦の装丁と書写には図書寮の人それぞれ四五人と五五人が当たり、頒暦は諸司の史生ら三一人が当たるとある。諸国分の頒暦は、『延喜式』巻十八式部上に朝集使雑掌に写させるとある。

このようにしてでき上がった御暦と頒暦は、十一月一日に陰陽寮から中務省に送られ、同日、内裏紫宸殿で天皇臨席のもとに御暦奏の儀が行われた。ついで御暦は天皇のもとに留められるが、頒暦は儀式の終わりに太政官に賜い、太政官の事務局である弁官から中央官庁および地方国衙に一巻ずつ配ることになっていた（御暦は別に中宮・東宮へも奉られ、また七曜暦だけは正月元日に奏進した）。

これが律令制における造暦と頒布の概要であり、それを図示すると前頁のようになる。

なお留意すべきことは、暦博士やその所属官庁の陰陽寮は暦の作成に関わるものの頒布には関与せず、それは太政官（弁官）の手により行われたこと、そして頒布の前に暦を天皇に奏上する儀式を経ることを必要とした点であるが、このことは、律令制では暦を頒布する権利を天皇が握っていたことを意味する。そしてまたこの考え方は、天を至上神として暦法は天の意志・運動を法則化したものと考え、それを読みとって暦をつくり人民に示すことは君主の掌握する大権とした中国の暦法観に由来するものであった。律令制とともに、天命を奉じて儒教的徳政を施すべき天子観を受け入れた日本の律令国家でも、暦の頒布は天皇大権の一つであって、きわめて政治的な事柄に属したのである。

ところで、太政官から頒布される頒暦は一六六巻であり、中央官庁や地方の国ごとに一巻ずつ配られるものであったが、各官庁は多数の官人を擁したし、国には国衙内の諸機関や郡衙があり、当然頒暦のみでは足らず、需要を充たすためそれを書写して多くの複本がつくられたと考えられる。

正倉院文書のなかの天平十八年（七四六）・天平二十一年・天平勝宝八歳（七五六）の各具注暦断簡[10]は、造東大寺司の写経所で官人たちが使用した頒暦の複本と考えられるし、正倉院宝物の屏風の骨に下張りされた年代不明の具注暦の暦序断簡（『正倉院宝物銘文集成』所収）も、都の工房で用いた写しであろう。事実、正倉院文書の天平宝字六年（七六二）十二月六日付の「奉写灌頂経料雑物下帳」[11]には、「暦写料」として四二張の紙を用いたという報告がみえる。これは、写経所で翌年の頒暦を写すのに使用されたものであろうが、前述のように『延書式』に頒暦一巻は一六張の紙を用いると規定しているから、おそらく紙を節約して三巻以上の複本がつくられたものと思われる。

### さまざまな暦の発掘

また近年、中央・地方官衙跡の発掘調査によって、奈良時代前から平安時代初期におよぶ暦の断片が発見され、当時地方に暦が普及していたことを示す実例として注目されている[12]。

現在、官衙関係遺跡から木簡や漆紙文書として二〇点余りの暦の断簡が出土している。最も古いものは奈良県明日香村石神遺跡出土木簡暦であり、大宝令施行前の元嘉暦施行期、持統三年（六八九）三月・四月暦である。現状は二次的利用のため一〇㎝ほどの円形状に成形され中央に穴を穿つ。厚さは一・四㎝ほどで、もとは縦一五〜一六、横三〇㎝前後の横長の板であったと推定されている[13]。日付けは欠くが干支、十二直、三月節などがある。また重、帰忌、血忌、往亡等の後世の宣明暦時代と同じ暦注の記載があるが、天李、天倉などのちの具注暦にみえない暦注もある。とくに天李は秦簡の日書に、その日は「凡そ皆入官及び入室せず。入室すれば必ず滅び入官すれば罪有り[14]」とする凶日であり、南朝系の元嘉暦行用時の具注暦の姿を示すものと考えられる。

（三月）

「□〔庚〕申執　□□□□
辛酉破　上玄岡虚厭
壬戌破　三月節急盈九
癸亥危　□〔重カ〕馬牛出椋□
□〔甲〕子成　絶紀帰忌□
□〔乙〕丑収　天間日□□
□〔開カ〕　□〔血カ〕忌□□　」

（四月）

「　□〔申カ〕平　天間日血忌
丁酉定　天李乃井□
戊戌執　望天倉小□
□己亥破　往亡天倉重
庚子危　人出宅大小□□
□□〔丑成カ〕　□□〔帰カ〕□　」

儀鳳暦行用期では、静岡県浜松市城山遺跡出土木簡の神亀六年（天平元、七二九）暦があり、全長五八・〇㎝、幅五・二㎝、厚さ〇・五㎝のやや長大な板に三行にわたって書かれている。こちらは正倉院具注暦の内容に近く、表面には「神亀六年暦日凡三百五十四日」以下、月の大小、八将神の所在方位などの具注暦の冒頭部分があり、裏面には天地を逆にして次のように正月の十八日から二十日の三日間記されており、一面三行を原則としていることから両面で一年間六二簡を要したと推測されている[15]。

（正月）

「十八日己酉　免〔危〕　歳後天恩　移徙治竈解除　葬吉　『屋　屋□□』

十九日庚戌□□〔金成カ〕　□□〔錯カ〕厭
廿日辛亥金収　歳後天恩　母倉嫁聚〔娶〕加冠移□〔徙カ〕起土修宅□戸井竈□〔吉カ〕」

また、正倉院宝物中の一伎楽面内部の埋木に利用されている木片にも暦注が記されていることから、それが木簡暦であることが報告され（年代は天平宝字三年〈七五九〉に比定される）、しかもその伎楽面は、相模国より献納されたものとされるから、もとは相模の国衙あたりで使われていた暦と考えられる[16]。

当時、紙の代用品として木簡が広く用いられていたことを考慮すれば、中央や地方官衙では、頒暦を木簡に写して盛んに利用していたことが推測できよう。さらに木簡より近年出土例が多いのが漆紙文書の暦である。それは官衙などで不要になった旧年の書写暦が付属の漆工房に払い下げられて、漆壺のふたに再利用されそこに漆が染み込んで廃棄後も腐ることなく遺跡から出土したものである。

その古い例は、儀鳳暦行用期では東京都国分寺市武蔵台遺跡出土の天平勝宝九歳（七五七）暦、大衍暦行用期では宮城県多賀城市多賀城跡出土漆紙文書の宝亀十一年（七八〇）暦である。しかしいずれもわずか数日分の、それも行の前後を欠くものが多く、全体を窺う暦は現われていないが、それでも大衍暦時代になると月に干支がつくこと、暦の中段に七十二候が記載され、下段の歳前・歳後に「大」がつき大歳前・大歳後となることなど、後の宣明暦の表記と同様になることが知られている。そしてこれらの実例により、中央・地方を問わず、国家から支給された頒暦がさまざまに書写されて、官人の生活や地方行政の場で使用されていたことが明らかになる。

表6　出土木簡・漆紙および伝世の古代暦史料

| 遺跡名 | 種別 | 年 | 暦法 |
| --- | --- | --- | --- |
| 石神遺跡（奈良県明日香村） | 木簡 | 持統三年（六八九）暦 | 元嘉暦 |
| 城山遺跡（静岡県浜松市） | 木簡 | 神亀六年（七二九）暦 | 儀鳳暦 |
| 延命寺遺跡（新潟県上越市） | 木簡 | 天平八年（七三六）暦 | 儀鳳暦 |
| 武蔵台遺跡（東京都国分寺市） | 漆紙文書 | 天平勝宝九年（七五二）暦 | 儀鳳暦 |
| 秋田城跡（秋田県秋田市） | 漆紙文書 | 天平宝字三年（七五九）暦 | 儀鳳暦 |
| 山王遺跡（宮城県多賀城市） | 漆紙文書 | 天平宝字七年（七六三）暦 | 儀鳳暦 |
| 平城京跡（奈良県奈良市） | 漆紙文書 | 宝亀九年（七七八）暦 | 儀鳳暦 |
| 多賀城跡（宮城県多賀城市） | 漆紙文書 | 宝亀十一年（七八〇）暦 | 大衍暦 |
| 観世音寺遺跡（福岡県太宰府市） | 漆紙文書 | 宝亀十一年（七八〇）暦 | 大衍暦 |
| 鹿の子C遺跡（茨城県石岡市） | 漆紙文書 | 延暦九年（七九〇）暦 | 大衍暦 |
| 胆沢城跡（岩手県水沢市） | 漆紙文書 | 延暦二十二年（八〇三）暦 | 大衍暦 |
| 胆沢城跡（同、前項の裏） | 漆紙文書 | 延暦二十三年（八〇四）暦 | 大衍暦 |
| 大浦B遺跡（山形県米沢市） | 漆紙文書 | 延暦二十三年（八〇四）暦 | 大衍暦 |
| 鹿の子遺跡e地区（茨城県石岡市） | 漆紙文書 | 年未詳（延暦年間ヵ）暦 | 大衍暦 |
| 多賀城跡（宮城県多賀城市） | 漆紙文書 | 弘仁十二年（八二一）暦 | 大衍暦 |
| 胆沢城跡（岩手県水沢市） | 漆紙文書 | 嘉祥元年（八四八）暦 | 大衍暦 |
| 東の上遺跡（埼玉県所沢市） | 漆紙文書 | 年未詳暦 | |

| | | | |
|---|---|---|---|
| 磯岡遺跡（栃木県上三川町） | 漆紙文書 | 年未詳暦 | |
| 鹿の子遺跡e地区（茨城県石岡市） | 漆紙文書 | 年未詳暦 | |
| 矢部遺跡（群馬県太田市） | 漆紙文書 | 年未詳暦 | |
| 〈伝世した奈良時代の暦〉 | | | |
| 正倉院文書 | 紙 | 天平十八年（七四六）暦 | 儀鳳暦 |
| 正倉院文書 | 紙 | 天平二十一年（七四九）暦 | 儀鳳暦 |
| 正倉院文書 | 紙 | 天平勝宝八歳（七五六）暦 | 儀鳳暦 |
| 正倉院伎楽面内面 | 木簡 | 天平八（七三六）又は天平宝字三年（七五九）暦 | 儀鳳暦 |

佐藤信「出土した暦」（『出土史料の古代史』東京大学出版会、二〇〇二年）等に拠り、細井浩志『日本史を学ぶための〈古代の暦〉入門』（吉川弘文館、二〇一四年）をもって増補した。

### 正倉院暦と唐代敦煌暦

正倉院文書の具注暦は、暦としての利用後に紙背を東大寺写経所関係の文書書写に転用されたため断簡で伝わるが、天平十八年（七四六）暦は二月七日から三月二十九日までの五三日分、天平二十一年（七四九）暦は二月六日から四月十六日までの六九日分、天平勝宝八歳（七五六）暦は暦序を残して正月二十六日までの部分と三月三日から四月十八日までの七二日分がある。それぞれ二、三か月分を残しており、儀鳳暦行用期の具注暦の姿を伝える遺品として貴重である。そかし誤写や脱字が見られるなどから、諸司に分かたれた頒暦の写しと考えられる。

なお「天平十八年具注暦」にはつぎの一〇件の日記の書き込みがある。

二月　八日庚寅「官多心経写始」（官は多く心経を写し始む）
九日辛卯「官一切経目録二巻皇后宮奉請　知田辺史生」（官一切経目録二巻、皇后宮の奉請、田辺史生知る）
十六日戊戌「大宮参向塩賜已訖」（大宮に参向す、塩すでに賜ひ訖る）
二十日壬寅「掌疏所任已訖」（掌疏所任、すでに訖る）
三月　五日丁巳「官召十二人」
七日己未「進白亀尾張王授五位　又天下六位以下初位以上加一級及種々有階」（白亀を進む尾張王に五位を授く、また天下六位以下初位以上に一級を加ふ、及び種々階有り）
十日壬戌「官召十三人　又宣散位八位以下无位以上筆紙備令朝参」（官召十三人、また宣して散位八位以下无位以上に筆紙を備へ朝参せしむ）
十一日癸亥「沓着始　又女沓買得　又冠着始」（沓を着し始む、また女沓を買得す、また冠を着し始む）
十五日丁卯「天下仁王経大講会　但金鐘寺者　浄御原天皇御時　九丈灌頂　十二丈幢立而大会」（天下仁王経大講会、但し金鐘寺は浄御原天皇の御時、九丈の灌頂、十二丈の幢を立て大会す）
十六日戊辰「官召十八　又天下大赦」（官召十八人、また天下に大赦す）

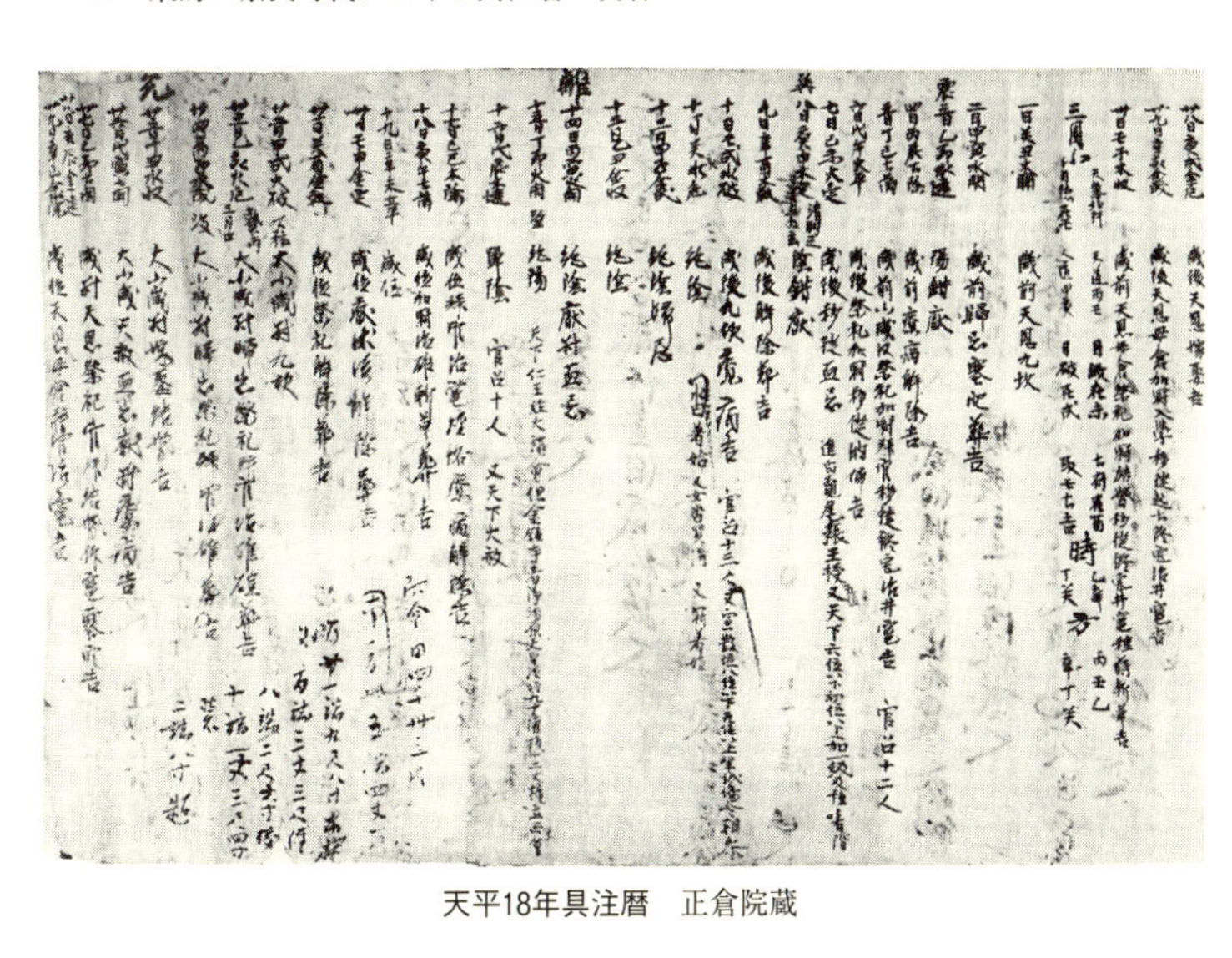

天平18年具注暦　正倉院蔵

内容は写経所関係や除目の記事、河内国の尾張王による祥瑞の白亀進献に関する叙位記事など『続日本紀』を補完する内容のほか、沓や冠の着用、女性の沓の購入に関する個人的記事もあり、林陸朗氏はその記主を写疏所案主の志斐麻呂と推定している[17]。前述のように秦漢の暦でも、暦を所有した官人たちが公務を中心とする記録を書き付けていたが、これらの例は暦を手元に置いた官人層が簡略ながら「日記」を書き残す割合が決して低いものではなかったことを示唆している。

　ところで具注暦に付される毎日の暦注は、十二節月毎に日付の干支によって配当が決まるもの、前述の「節切り」の暦注が多く、年が異なっても同じ節月の干支ならば比較検討することが可能となる。そこで現存する敦煌出土の唐暦と正倉院暦（ともに四月節）を比較すると、次のようになる。なお唐の元和四年（八〇九）暦は観象暦（元和二年〈八〇七〉か

〈中国・日本の具注暦の比較―同節月・干支の例―〉

唐・元和四年（八〇九）具注暦日（P.三九〇〇）

閏四月小

七日癸未、木満　歳後、天恩、拝官・九坎、治竈吉

八日甲申、水平小暑至上弦、歳後、血忌、作竈・解除吉、八魁

九日乙酉、水定　歳前小歳對、嫁娶吉、天火日、天獄日

[十]日丙戌、土執　歳前小歳對、嫁娶・治病吉

十一日丁亥、土破　歳前小歳對、嫁娶・治病吉

十二日戊子、火危　歳前、祭祀・拝官・嫁娶吉、地倉日

十三日己丑、火成　歳前、帰忌

正倉院・天平勝宝八歳（七五六）具注暦

（三月大）

卅日癸未、木満立夏四月節歳後、天恩、九坎、厭

四月大○注略

一日甲申、水平　歳後、血忌、治竈・解除吉

二日乙酉、水定　歳前小歳對、嫁娶・治竈□殯□

三日丙戌、土執　歳前小歳□

四日丁亥、土破　々々々々、療病・拝官・祭祀・解除服吉

五日戊子、火危　歳前、祭祀・嫁娶吉

六日己丑、火成　歳前、帰忌、厭對

ら長慶元年（八二一）行用期の、天平勝宝八歳（七五六）暦は儀鳳暦行用期の暦注である。

それぞれの暦を比べると傍線を施した日付下段の吉凶注は異なるものがあるが、干支に続く五行（納音）・十二直・歳前歳後・天恩・九坎などの暦注の基幹部分は同様であることが知られる。また先に引用した唐顕慶三年（六五八）具注暦日の正月六日条と、正倉院文書天平十八年具注暦の正月七日条も同じ節月で、前者は「六日己丑、火閉　歳對、帰忌、血忌」、後者は「七日己丑、火閇　歳對、帰忌、血忌」と同じ記載であり、これらにより七・八世紀から九世紀初頭にかけて、唐・日本ともにほとんど同形式の具注暦を使用していたことがわかる。

# 第二章　具注暦の日本的変容

唐から伝えられた具注暦の形式は基本的に保持されながらも、九世紀末に多くの朱書の暦注が加えられ、ここに日本的な具注暦が形成されることになる。それはこの頃成立した陰陽道の禁忌意識の増幅とつながる現象でもあった。ここでは暦注増補の過程を検討するとともに、具注暦の具体的な内容を説明する。また暦を造った暦家賀茂氏の成立と、貴族社会における暦の供給経路についても明らかにしたいと思う。

## 一　平安前期における日本的具注暦の形成

### 朱書暦注の増加

正倉院暦に見たように、奈良・平安時代初期の日本の具注暦の内容は唐暦とほとんど変わりのないものであった。ところが、そのご、平安中期から「寛和三年（九八七）具注暦」断簡（九条本『延喜式』二十八紙背、十一月二十五日から年末・暦跋を残す）[1]、『御堂関白記』自筆本の長徳四年（九九八）具注暦下巻[2]（陽明文庫蔵）をはじめとして宣明暦行用期の具注暦が多数残るが、暦注の記載はそれ以前と大きく異なる部分があった。まず中段の七十二候の記載や下段の「歳前」「歳後」が「大歳前」「大歳後」となるのは出土漆紙暦により太衍暦からであることが知られていたが、その後の宣明暦時代の変更点では暦下段の小字吉事注が増加したこと、さらに最も甚だしい違いは暦の上段に天間・忌遠行・忌夜行・三宝吉日・不問疾や、大将軍の遊行、天一・土公の所在方位など、上段欄外に七曜・二十七宿などの夥しい数の朱書暦注が付加されていることにある。つぎに前頁で掲げた唐暦・正倉院暦と同じ四月節で同干支の、『御堂関白記』自筆本寛弘二年（一〇〇五）具注暦を引用してみよう。

『御堂関白記』寛弘二年具注暦上巻

（『　』は朱書。間明き二行。日記記事、年中行事、七十二候、日出入時刻等は略した。）

四月大○中略

『柳水』六日癸未、木満　『甘露』『伐』　孤辰、九坎、厭

『星木』七日甲申、水平小満四月中沐浴　『土公入』『伐』　大歳後、無翹、血忌結婚・納徴・移徙・解除・謝土・除服吉

『張金』八日乙酉、水定沐浴　『金剛峯』『三宝吉』『忌遠行』『伐』　大歳前小歳對、歳徳合、月徳合嫁娶・納婦・移徙・出行・剃頭・解除・修井竈碓・除服・安床帳吉

『翼土』九日丙戌、土執〔上〕下弦　『五墓』　大歳前小歳對、復結婚・納徴・納婦吉

『軫日』十日丁亥、土破沐浴　大歳前小歳對、重療病・裁衣・市買・納財・壊垣・破屋吉
『蜜』『甘露』『三宝吉』『七鳥』『伐』

『角月』十一日戊子、火危沐浴　大歳前結婚・納徵・嫁娶・納婦・壊垣吉　日遊在内
『大将軍遊内』『天一子』『不視病』

『亢火』十二日己丑、火成靡草死除手甲　大歳前、帰忌、厭對入学吉　日遊在内
『不問疾』

唐暦や正倉院暦に比して多数の朱の注記が加わったことが知られる。これらの新しい朱書の暦注は、室町時代の応永二十一年（一四一四）に賀茂在方が撰した暦注解説書の『暦林問答集』[3]などにより、密教経典の『宿曜経』や、由来不明な逸書であるが中国五行家説の書『群忌隆集』などを典拠とするものであったことがわかる。ではそれらの朱書の暦注はいつ頃から暦面に記されるようになったのであろうか。

それに関する初見史料は『貞信公記抄』であり、つぎにそのいくつかを原文のまま引用する。

延喜九年（九〇九）二月二十一日条「丁巳、東宮始参入内裏、暦日注十死一生、私所記、」

延喜十九年（九一九）十月十日条「甲辰、羅刹、於極楽寺、政所有諷誦事、」

延喜二十年（九二〇）五月十六日「丁丑、月曜、男子坐朝集堂饗、依有産事不参、」

延長元年（九二三）七月十四日〔廿〕条「丙寅、井宿、日曜、大恩、帰忌、辰剋有御産事、」（『御産部類記』所引逸文）

天慶八年（九四五）十月二十三日「丙戌、〔天〕甘露日、法性寺十講始、」

『貞信公記抄』は、藤原忠平の日記『貞信公記』を子息の実頼が抄出したものとされている。これらの条文には小字で暦注記事がみられるが、最初の延喜九年二月二十一日条に「暦日に十死一生と注す、私に記すところ」とあるように、これらは日記の本文ともども実頼が参考のために暦注を書き写したものであった。これにより忠平の『貞信公記』原本が具注暦に書かれていたことが知られる。この小字注のうち十死一生（忌遠行の別名）、羅刹、月曜・日曜（七曜）、井宿（二十七宿の一つ）、甘露日は朱書の暦注であり、このことによって七曜・二十七宿・甘露・羅刹・十死一生（忌遠行）などの朱書暦注が延喜年間以降の具注暦に記載されていたことが明らかになる[4]。

ついで「寛和三年（九八七）具注暦」断簡があり、そこには天間、忌遠行、忌夜行、三宝吉日、不問疾、大将軍遊行方位、天一・土公所在方などの朱書暦注がみえる。また応和元年（九六一）に村上天皇のために密教星供の本命供を行うとき、そこで祀る本命宿について東大寺の法蔵と陰陽師の賀茂保憲が論争を行ったが、そのとき保憲は、「暦に付すところの毎日の宿、生れ日に相当するを以て本命宿となす」[5]と述べており、暦家賀茂保憲自身の証言として当時暦に二十七宿が載せられていたことが知られる。これらの後に『御堂関白記』自筆本の長徳四年暦（九九八）以下、半年分一四巻の暦によって宣明暦行用期具注暦の標準形が知られるのである。

〈朱書の暦注の種類と、暦上の位置〉

・七曜（蜜）、二十七宿、太禍・狼藉・滅門　―暦の上段欄外
・羅刹、甘露、金剛峯、三宝吉、下食時、大将軍遊行、天一所在、土公所在　―暦の上段
・神吉、伐、忌夜行、忌遠行、不弔人、天間、不視病、不問疾、五墓、六蛇他　―暦の中段
・伏龍所在、時間の吉凶（これはない暦も多い）　―暦の下段

表7　朱書暦注とその典拠

| 朱書暦注の項目 | 朱書暦注の典拠 | 出典 |
| --- | --- | --- |
| 七曜 | 宿曜経 | 暦林問答集 |
| 二十七宿 | 同 | 同 |
| 甘露・金剛峯・羅刹 | 同 | 同 |
| 太禍・滅門・狼藉 | 同 | 同 |
| 歳下食 | 尚書暦 | 同 |
| 下食時 | 同 | 同 |
| 天間 | 群忌隆集 | 同 |
| 不弔人 | 同 | 陰陽吉凶抄 |
| 不視病 | 同 | 同 |
| 不問疾 | 同 | 同 |
| 忌遠行 | 堪輿経 | 暦林問答集 |
| 忌夜行 | 暦図 | 同 |
| 五墓 | 五行大義 | 同 |
| 八龍・七鳥・九虎・六蛇 | 群忌隆集 | 同 |

## 空海と七曜の受容

では、このような朱書の暦注が暦面に追加されるようになった時期はいつまで遡れるのであろうか。七曜について弘法大師空海の伝記『高野大師御広伝』（『続群書類従』伝部）などに、「大同以往、暦家密日を知ること無し。この故に日辰の吉凶雑乱し、人多くこれを犯す。大師帰朝の後、此の事を伝ふ」とある。密日は「蜜」のことでソグド語のミールの音訳、日曜のことであり、唐でも九世紀の敦煌出土の暦に朱書されたが、空海によって真言密教とともに日曜を始めとする七曜の知識が日本へ伝えられたことが知られる。密教はインドの占星術の要素を多分に含み、修法や造寺造仏を行う際などに吉日良辰を撰ぶことが必要とされ、その典拠となったのが不空の『宿曜経』であった。

唐で密教の受法を終えた空海は、多数の密教経典や曼荼羅、法具などを携えて延暦二十五年（大同元年＝八〇六）に帰国するが、東寺系の『宿曜経』古写本および高野山僧の覚勝校訂による享保二十一年（一七三六）版『宿曜経』の後扉には、延暦二十五年・大同二年・三年の各年ごとの第一日曜日に当たる日が記されている。これは空海が在唐中に得た七曜の日取りを備忘のために書き込み、そのまま伝えられたことを示している(6)。

その後、密教の展開とともに『宿曜経』を典拠に吉日良辰を択ぶことが重視され、円仁の伝記『慈覚大師伝』（『続群書類従』伝部）によると、嘉祥二年（八四九）円仁は仁明天皇のため『宿曜経』により甘露日を択び灌頂法を修している。

さらに密教の吉日観念の社会的な浸透は陰陽家にも影響を与え、陰陽頭滋岳川人（貞観十六年＝八七四

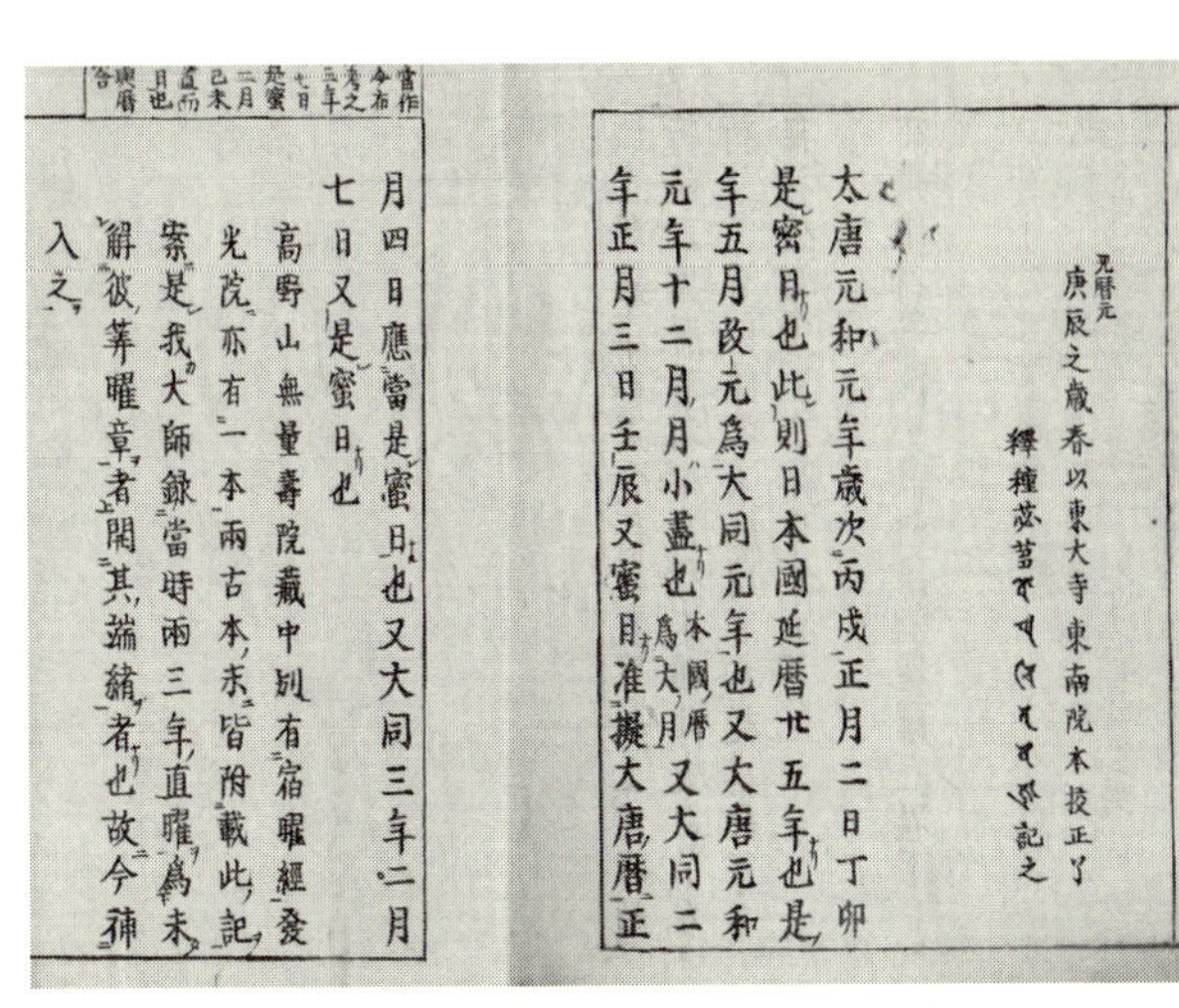
元暦元庚辰之歳春以東大寺東南院本校正了
釋種苾芻記之
太唐元和元年歳次丙戌正月二日丁卯
是蜜日也此則日本國延暦廿五年也是
年五月改元爲大同元年也又大唐元和
元年十二月々小盡也本國暦爲大月又大同二
年正月三日壬辰又蜜日准擬大唐暦正
月四日應當是蜜日也又大同三年二月
七日又是蜜日也
高野山無量壽院藏中別有宿曜經發
光院亦有一本兩古本末皆附載此記
宗是我大師録當時兩三年直曜爲末
解彼苐曜章者聞其端緒者也故今補
入之

覚勝校訂本『宿曜経』付記　享保21年（1736）版

没）の著作に『指掌宿曜経』[7]、「川人三宝暦序」[8]があり、また『三代実録』貞観十三年（八七一）二月八日甲申条に「去る正月より、公卿未だ太政官尋常の政を聴かず。是の日、始めてこれを聴く。時に巳の一刻を改めて、辰の四刻を用ゐる。河魁暦の滅門を避ける也」とあり、「河魁暦」でいう滅門を避けるため時刻を移して太政官尋常の政を行ったという。滅門は太禍・狼藉日とともに朱書の暦注であり、これも陰陽寮の奏上に基づくものと思われる。これらのことから九世紀末頃、年中行事・仏教行事の定着や陰陽道の形成と関わり、従来の暦注と源流を異にする新しい暦注が朱書で記載され、ここに具注暦に関する日本独自のバージョンアップがなされたと考えられるのである。

この時代、唐では、多くの木版刷りの具注暦が出回っていた。それは版面の構成上紙面に暦日暦注情報が隙間なく記されたものであったが、日本では具注暦の暦日上部、行間に多くの朱書暦注が増補され、中国とは異なる形態を示すことになるのである。ちなみに、日本で木版暦が出回るようになるのは鎌倉後期の伊豆の三島暦、室町中期の京都の摺暦座の活動による。

## 朱書暦注と陰陽道の成立

九世紀初頭、平城天皇が暦注の廃止を命じ、その三年後に反対に嵯峨天皇が諸卿の請いを入れてこれを復活したように（『日本後紀』弘仁元年九月乙丑条）、暦注の記載は政治判断に関わるものであった。よってそれまでの暦面にない朱書暦注の新たな追加は、社会の要請に応じて陰陽寮が申請し、天皇・太政官の裁可を経て加えられたものと考えられる。

そして暦注重視の社会的動向と関わるのが陰陽道の成立であった。陰陽道とは何かというと、中国の陰陽五行説に基づく占術、暦に関わる時間や方角の吉凶説、宗教的には道教の多彩な神観念や呪法・祭法などを基盤とし、律令制官司の陰陽寮の官人陰陽師を活動主体として九世紀後半に成立した呪術的宗教の体系と言ってよいであろう。当初の陰陽師の職務は「職員令」に「占筮と相地」と規定するように占いを中心とする技術的なものであったが、平安時代に入り律令制支配が衰退すると、天皇や貴族は災害への不安感を増大させト占による吉凶判断に依存するようになった。これを背景に陰陽師は災異や天皇の病気の原因を占って神や霊・鬼神の祟りを指摘し、災いを除く祓の呪術やさまざまな祭祀を行うようになる。ここに占術と呪術の体系である陰陽道が成立し、陰陽師は宗教家へと変貌した。

その間の陰陽寮官人の役割を見ると、呪術祭祀では仁寿三年（八五三）に陰陽寮の奏言により、『陰陽書』の法に基づき毎年害気鎮めの呪法を行うこととし（『文徳実録』仁寿三年十二月甲子条）、貞観元年（八五九）に陰陽寮は虫害を払い豊作を求めて『董仲舒祭法』を典拠に大和国吉野郡高山で祭祀を修し（『三代実録』貞観元年八月三日条）、これ以後は祭場により高山祭と呼ばれている。

清和天皇の貞観七年八月には、陰陽寮の上申により八卦絶命の方を避けて天皇は方違えを行っている。天一・太白方の方忌についても『醍醐天皇御記』延喜三年六月十日条に「前代は忌まず、貞観以来このことあり」とみえ、方角の禁忌が九世紀後半清和天皇の貞観年間（八五九―八七七）以降主張されたことが知られる。この天一神の所在方位は朱書暦注の一つであったことに注意しよう。

そのような禁忌は年月にもあり、昌泰三年（九〇〇）に三善清行は翌年辛酉の年が緯書にいう変革動乱の期に当たるとして暗に菅原道長の追放を上申し、翌年延喜と改元され、これが辛酉改元の先蹤となった。その頃の代表的陰陽師が滋岳川人であり、先述のように彼には密教の『宿曜経』に関わる『指掌宿曜経』の著作があり、七曜・二十七宿や羅刹、甘露、金剛峯などは『宿曜経』を典拠とするものであった。

十世紀中頃から著名な陰陽師賀茂忠行・保憲父子、安倍晴明などが出て朝廷・貴族の信任を集めたことは、説話などでよく知られている。とくに保憲や晴明は陰陽師として高位の従四位に昇って、のちに賀茂氏、安倍氏が陰陽道の家となるきっかけを作った。そのような陰陽師の職務は、①災害・怪異―物怪（もののさとし）・病気の原因を占うこと、②行事などの際に日時・方角の吉凶を答申すること、③

辟邪の祓・呪術と祭祀を行うことなどであり、陰陽師は貴族たちが恐れる怪異や病の発生にさいして、式盤を用いる六壬式なる占法をもって原因となる霊・鬼神・土公神・竈神などのモノの祟りを占い、その結果により謹慎行為の物忌を指導し、これを退けるために祓や、道教に由来する北辰・北斗や本命神・泰山府君等の祭祀を行って福徳延命を祈願するなど、天皇・貴族のために辟邪をなし現世の利益をはかる呪術宗教家であった[9]。

このように律令国家が弱体化し、貴族層が様々な災害に不安を感じていた九世紀後半以降に、陰陽師は災害・病気など占い、祓と祭祀でこれを防ぐ独自の役割を担い、ここにひとつの宗教として陰陽道が成立したのである。それは九世紀末頃に朱書暦注が具注暦に付加される、いわゆる具注暦の日本化の動きと密接に関わるものであったのである。

### 宣明暦注と『大唐陰陽書』

具注暦には冒頭の暦序や暦日の下に多数の吉凶禁忌を示す暦注があり、造暦の方法とともにこの形式も中国のそれを踏襲したものであったが、宣明暦の暦注の典拠とされるものに『大唐陰陽書』がある。

暦注の種類は極めて多く、一見何の脈絡もなく記されているようであるが、その配当には規則性があり、前述のようにおもに節月ごとに日の干支により決まる「節切り」の暦注が多かったから、予め暦注配当の一覧表を用意しておけば毎年の造暦にさいして容易に具注暦を制作することができた。唐代の図書目録である『新唐書』芸文志の暦算類に「暦日吉凶注一巻」、五行類に「堪輿暦注二巻」と載る書はそのような暦注書であったと推測され、九世紀末編纂の『日本国見在書目録』の暦算類にも「暦注二巻」とあり、九世紀以前に暦注書が日本に伝えられていたこと明示している。

現在わが国に数種の写本が伝わる『大唐陰陽書』巻三十二・三十三両巻はそのような暦注配当の一覧表であった。内容は、巻三十二は具注暦巻頭の暦序の部分と同様な暦注項目の説明、ついで正月から六月までの月毎に、甲子から癸亥まで六十干支の日に配当される暦注を記し、巻三十三は七月から十二月まで同様に記している。よって暦家が暦計算を行い月と暦日干支が決定すれば、この両巻を参照することにより容易に具注暦が出来上がることになり、暦を作成する者にとってはきわめて利用価値の高い書であった。

『大唐陰陽書』の本来の書名は『陰陽書』であり、唐の太宗の命により呂才らが撰した陰陽家説の集成書で貞観十五年（六四一）に成り、全五十巻とも五十三巻ともいった（『旧唐書』、『新唐書』呂才伝）。日本では天平十八年（七四六）に書写したことが正倉院文書から知られ[10]、その年以前に伝えられており、その後陰陽道の典拠の一つとして利用された。多くは散佚したが一年間の暦注配当の一覧表である三十二・三十三の両巻は単独で『大唐陰陽書』として伝えられ、現在は室町時代の写本として京都大学人文科学研究所本、東京大学史料編纂所島津家本は三十三巻のみをのこし、天理大学附属図書館吉田文庫本は両巻を伝えている。また江戸時代の写本には両巻を伝える国立天文台本、静嘉堂文庫本などがある。それらの奥書には次のように平安時代の暦博士大春日真野麻呂・賀茂保憲、さらに宿曜師たちが所持していたことを記し、暦家の間で重用されていたことがわかる（京大人文研本による。宿曜師については後述する）。

此の書両巻は、陰陽頭兼暦博士従五位下賀茂保憲朝臣本を以て写し伝ふる也。奥注に云はく、春家本の上下両巻を以て比校すること既に畢んぬ。彼の本の奥注に、嘉祥元年歳次戊辰七月朔戊午五日壬戌、従六位上暦博士大春日朝臣真野麻呂、といへり。（後略）

すなわちこの両巻が十世紀中頃の高名な陰陽・天文・暦家賀茂保憲所蔵本の写本であり、しかも保憲本の本奥には、暦博士大春日真野麻呂が嘉祥元年（八四八）に書写した春家本（大春日氏）上下巻と対校した旨が記されていたという。真野麻呂の国史における初見は、『文徳天皇実録』斉衡三年（八五六）正月丙辰条に従五位下暦博士で紀伊権介を兼任したとみえるものであり、彼がそれ以前から暦博士であったことがわかる。真野麻呂が五紀暦による改暦を上申したさい、同書天安元年正月丙辰条には、「真野麻呂の暦術は独歩。能く祖業を襲いて此の道を相伝す。今に五世也」とあり、大春日氏は真野麻呂のとき既に五代を数える暦家であり、また真野麻呂以後も九世紀末から十世紀末にかけて氏主・弘範・益満・栄業・栄種と多数の暦博士・権暦博士を輩出していた[11]。

この奥書によって本書が九世紀中葉以降に、暦家の間で「上下巻」「両巻」として単独で用いられていたことが知られるのである。

では『大唐陰陽書』の両巻は、実際にまた何時から具注暦の典拠として利用されたのであろうか。前述したように、従来まとまった具注暦の遺品としては儀鳳暦行用期の天平十八年・同二十一年・天平勝宝八歳の正倉院暦があり、その後はだいぶ間隔をおいて宣明暦行用期の寛和二年具注暦断簡（九条家本

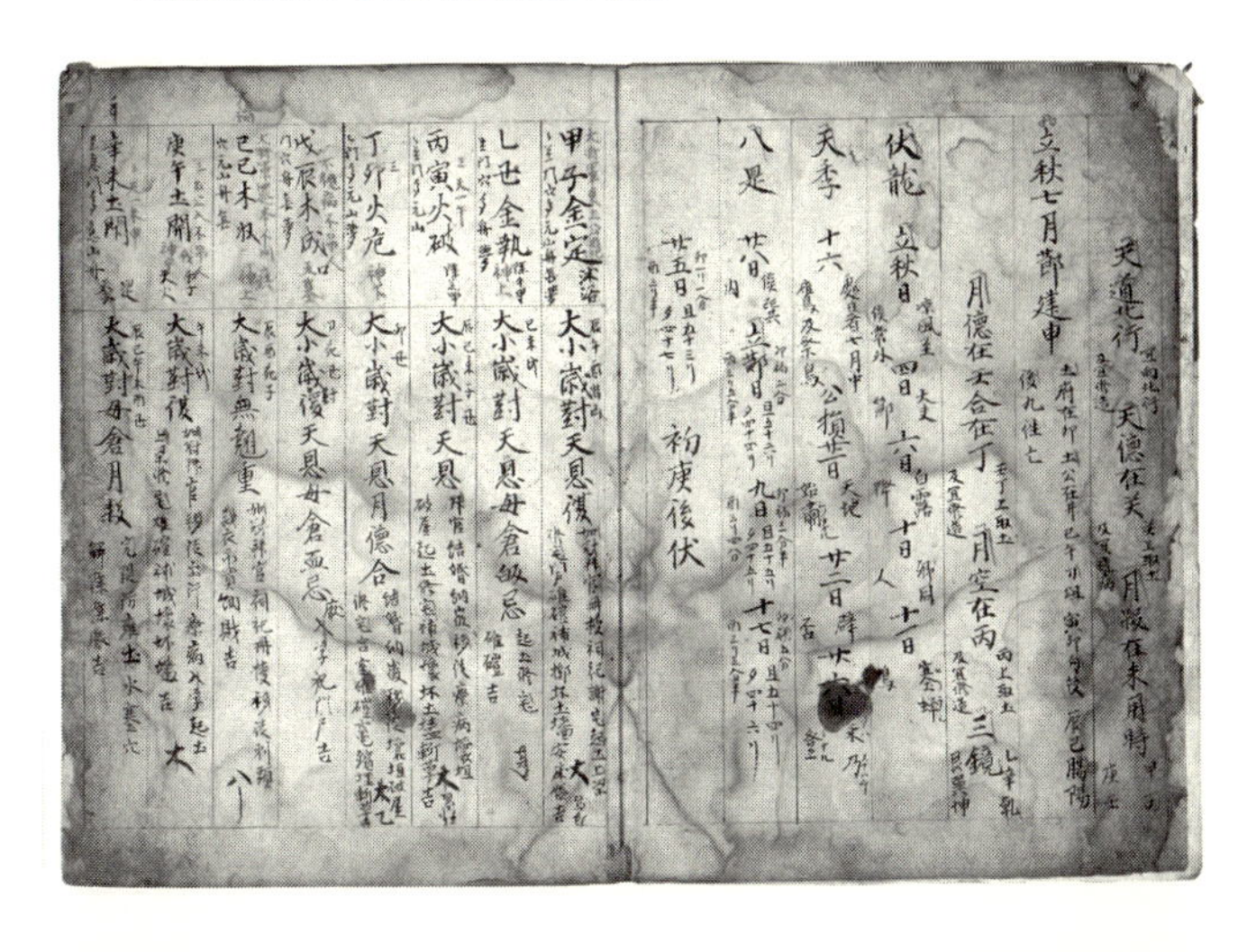

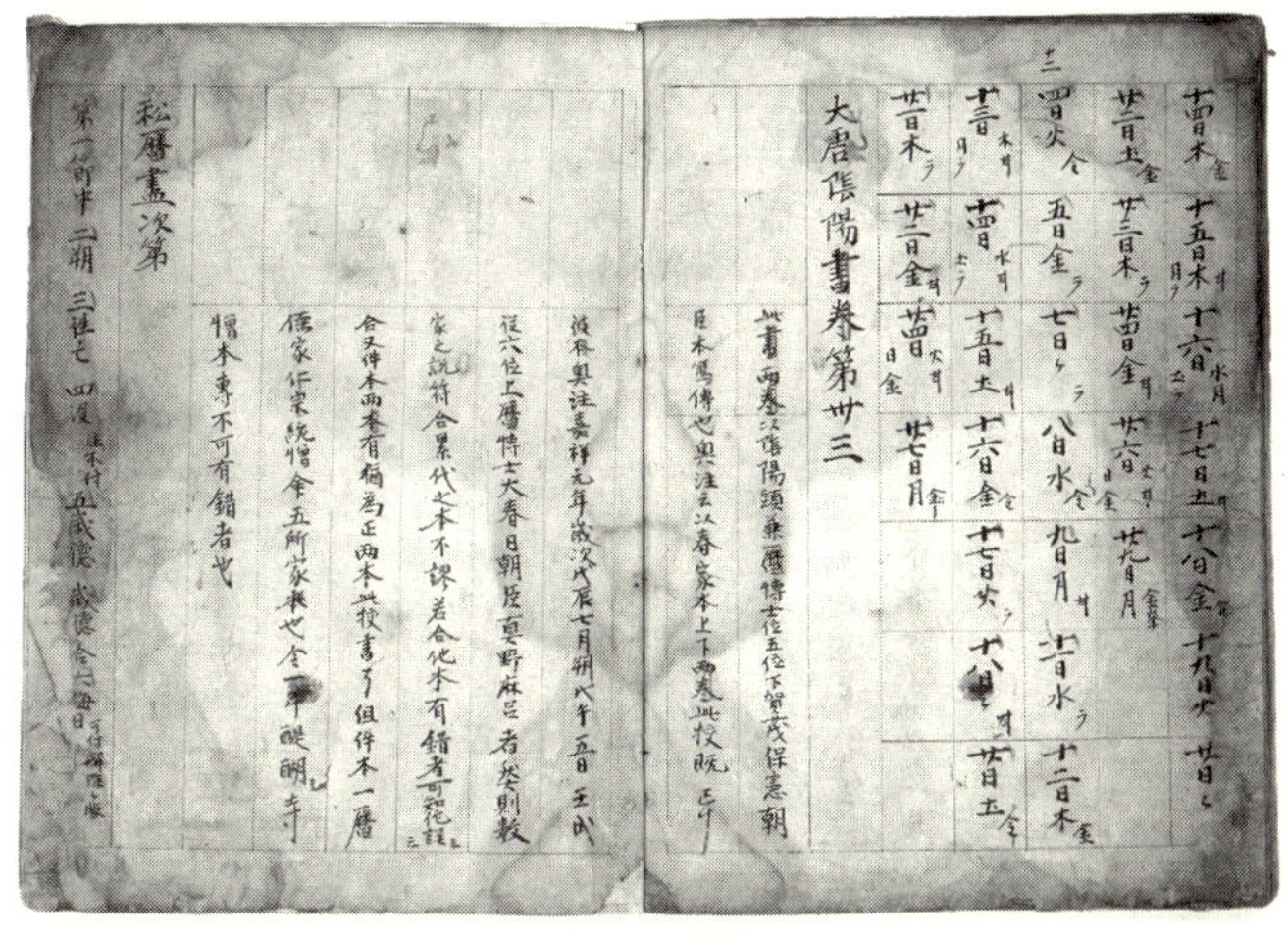

京都大学人文科学研究所本『大唐陰陽書』　7月節冒頭と奥書

『延喜式』紙背）、ついで長徳四年具注暦下巻（『御堂関白記』自筆本）以下、多数の暦が残されている。正倉院暦と平安中期以降の具注暦との暦注記載の内容は異なり、そして『大唐陰陽書』両巻の形式は後者と同様であるので、これまで宣明暦行用時代の具注暦は『大唐陰陽書』両巻に基づくものとされてきた。

さらに京都大学人文科学研究所本には内題の下に「開元大衍　暦注」とあり、これによれば『大唐陰陽書』両巻は唐で開元十七年（七二九）から行われ、日本では天平宝字八年（七六四）から用いられた大衍暦の暦注であったということになる。しかしこれでは、唐の貞観十五年に成立していた『大唐陰陽書』両巻が、約八〇年後の開元十七年に採用された「大衍暦注」と同じ書ということになる。

ところで、宣明暦は貞観元年（八五九）に渤海国大使馬孝慎が来朝したさいに「是大唐新用経也」として貢上したものであるが、日本に伝わった宣明暦関係の書は不十分だったようであり、施行後二〇年近くを経た元慶元年（八七七）になり、陰陽頭兼暦博士家原郷好は現行の宣明暦経と共に暦書二七巻を加え用いることを申請し、これが承認されている（『類聚三代格』巻十七、元慶元年七月二十二日太政官符、応加行暦書廿七巻事）。その暦書とは「大衍暦経一巻、暦議十巻、立成十二巻、略例奏草一巻、暦例一巻、暦注二巻」の計二七巻であり、これらを併用する理由として郷好はつぎのように述べている。

謹んで案内を検するに、去る天平宝字元年十一月九日の勅書に依り、大衍暦経を以て暦日を勘造すること既に尚し。しかるに貞観三年六月十六日の格に称ふ。大衍の旧暦を停め、宣明の新経を用ゐよ、といへり。此の新経に拠って御暦を造進すること、漸く年序を経たり。今件の宣明経の目録を検するに、ただ経術を勘するの書有りて、暦議に相副ふる書無し。望み請ふらくは、前後の格に依りて、大衍・宣明の両経を相副へ、道業の経となすべし。但し暦日の勘造は、宣明の経を用ゐん、といへり。

日本に伝えられた宣明暦経は、暦術を考え造暦を行うにはこと足りるが、それに付すべき暦議等の書はなく、そのため前後の格によって旧用の『大衍暦経』以下を道業の書として用いたい、というものであった。ここに引く天平宝字元年十一月九日の勅書とは、暦算生に『大衍暦議』をテキストとすることを指定したものであり、この前後の格とは大衍暦採用を命じた天平宝字七年（『続日本紀』同年八月戊子条）、宣明暦採用の貞観三年の格をいうのであろうが、後者の宣明暦関係の書は当時現行のものであるから、この時加えられた暦書二十七巻は全て大衍暦関係のものと見なければならない。即ち暦例・暦注ともに大衍暦のそれであったと考えられる。このうち暦例とは個々の暦注の解説書であり、実際に大衍暦に暦例が存したことは、院政期の『陰陽略書』に、

川人三宝暦序に云ふ、大衍暦例、建・除・執・破・危・閉・凶会・九坎・厭・厭對・滅等の凶神、及び自身の衰日はこれを避く。自余の吉日は吉に准ず。

とあり、九世紀後半の陰陽頭滋岳川人の「三宝暦序」に「大衍暦例」が引用されており、その存在は確

認できる。一方暦注に関しては、宣明暦施行と共に暦注は付されていたはずであるが、これを通説の如く『大唐陰陽書』の両巻とすると、のちの元慶元年の官符で加えられた暦注（「大衍暦注」）と別のものとせざるをえないであろう。また『日本国見在書目録』暦数家の項に、「暦例一」「暦注二」とあり、これが大衍暦の暦例と暦注と考えられるが、『大唐陰陽書』自体は五行家の項に「大唐陰陽書五十一巻」に著録されており、『大唐陰陽書』から二巻のみを分離して別に録すことは考え難いことでもある。これらによって、やはり『大唐陰陽書』の両巻と「大衍暦注」二巻とは別のものとすべきものと思われるのである。

これらは文献史料面の検討から『大唐陰陽書』が「大衍暦注」であったとする所伝には疑問があり、別物と考えるのであるが、現存する『大唐陰陽書』の諸本にしても、先述のように神吉・三宝吉日、あるいは大将軍遊行方位など日本で九世紀末頃追加された朱書の暦注が記載されるなどその後の実用に沿うように大幅な加筆が行われており、原形を窺うことは困難である。暦注配当の規則性を考慮すれば本来の『大唐陰陽書』両巻と「大衍暦注」の内容はそれほど違いのないものであったのではなかろうか。それとともに同一視された一因は、伝本の奥書に暦博士大春日真野麻呂が大衍暦行用期の嘉祥元年（八四七）に両巻を書写したとあることによると考えられる。そしてさらに、暦道賀茂氏の祖である保憲が用いたということを以て宣明暦の暦注書とする認識が広まったのであろう。このように考えると、暦注を具備しない宣明暦の採用のおり『大唐陰陽書』の両巻が用いられ、それが大春日・賀茂氏と歴代の暦博士へ受け継がれたものと推考される。

## 〈付論〉 唐の民間暦と密教北斗法

先に七曜・二十七宿などの密教の吉日良辰の考えが暦注にも反映していたことを述べたが、ここでは逆に遣唐使が持ち帰ったと考えられる唐代のある具注暦が、密教修法の成立に影響した例をみておこう。

平安時代になると、北斗七星は陰陽道でも密教でも人の生涯の吉凶と寿命を支配する星として信仰された。本来、北極星や北斗七星など北天の星の信仰は道教で盛んに行われ、仏教での信仰は希薄だったが、中国では中・晩唐期に密教が道教の信仰を取り入れて星辰の利益を説く雑多な密教経典が盛んに作られ、それらはやがて九世紀の入唐僧により日本へ伝えられることになった。陰陽道では道教の影響を受け九世紀後半から属星祭や本命祭を行いはじめていたが、しかるべき典拠の少ない密教では北斗法・本命供・尊星王法などの星宿法が盛んになるのは十世紀中頃と遅れた。

そのさいに密教僧が拠りどころとした典拠の一つに「大唐開成四年暦」なる唐代の暦があった。十世紀中頃に延暦寺東塔南谷の僧薬恒が潤底隠者の名で撰した『北斗護摩集』は密教の北斗信仰に関するエポックメイキングな資料で、その鎌倉初期頃の写本が東寺観智院に残されている[12]。そこでは北斗属星信仰や関連項目の説明を二三段に渉り行っている。その第一段では、北斗七星に災難の解脱や寿命の延長を祈る護摩供養の儀式として大興善寺翻経院灌頂阿闍梨述なる『北斗七星護摩秘要儀軌』(『大正新脩大蔵経』第二一所収)を「本儀軌」している。しかしその儀軌中には「禄命書に云ふ、世に司命神有りて、庚申の日毎に天帝に上り向かひて衆人の罪悪を陳ぶ。重き罪の者は則ち算を徹し、軽き罪の者は則ち紀を去る」と、道教の庚申信仰を述べるなど道教色の強いものであった。『北斗護摩集』ではほかに『五行大義』『抱朴子』など五行家・道家説の引用が多く、当時密教と陰陽道の星辰信仰がともに道教的基盤に立っていたことが知られる。

その第五では北斗七星が衆生の生命を司る典拠として、つぎのように「葛仙公礼北斗法」と「大唐開成四年暦」を引用している。

葛仙公礼北斗法に云ふ、北斗は王侯より士庶におよび尽く北斗七星に属す。常に須く敬重すれば横禍凶悪のことに逢はず。遍に世人の衰厄を救ひ、延年益算を得て、諸災難無し。

皇帝北斗七星に謁〔謁〕する図幷に所属の星、大唐開成四年暦中に出づ。

皇帝終南山に遊ぶ。忽ち一女あらはる。披髪にして身に素衣を著し山中を遊行す。皇帝問ひて曰く。是れは何なる女人か。答へて曰く、吾姉妹は七人。是れ北斗七星官なり。男子女人を問はず、生れ下れば便ち吾管に属す。帝曰く、朕は五属卿を管す。女曰く、陛下貴賤殊なること有り。人命一般はまた吾が管に属す。皇帝曰く、朕の願ひ事の仙者を得るや否や。女曰く、先づ吾に事へよ、といへり。夜間北斗の出づる後、各総じて北斗に合掌礼拝すれば、一生中に横悪の事なし。大小便及び穢悪の事並びに北に向かふを得ず。吾が姉妹北陰の官に在るに縁り、穢悪の事を見るに忍びず。世人の犯す者、貧窮する所以にして、また疾病多し。陛下吾に事ふれば今に本身を化して星位に及ぶ。

万姓に委く知らしめよ。凡そ人北に向かひ大小便するべからざるの旨、失は此文に在り。

「葛仙公礼北斗法」では、北斗七星を崇拝すれば王侯から庶民に至るまで災害に遇うことはなく、長寿を得るとする。「大唐開成四年暦」には皇帝が北斗七星に謁する図があり、また次の話しを載せている。皇帝が終南山に遊んだ際に一女に合い、その素性を尋ねると私は七人姉妹で北斗七星官であり、人は男女、貴賤を問わず生まれ下れば我が管下にあるという。皇帝は自分の願いは長生を得ることでそれが叶うかと聞くと、女は毎夜北斗に合掌礼拝し、北に向かい穢悪のことをしなければ悪事に遭わず息災を得て、さらに我に仕えれば星位におよぶとする。

このうち「葛仙公礼北斗法」は盛唐密教の大家の一行に仮託した『梵天火羅図』（『大正新脩大蔵経』第二一巻に『梵天火羅九曜』として所収）にも引用するもので、葛仙公とは呉の道士葛玄のことであり、よって道教との混淆は明らかである。北斗法・本命供などの修法の典拠となったのはこのような『北斗七星護摩秘要儀軌』『梵天火羅図』であるが、さらに十世紀後半の仁和寺の寛空（八八四〜九七二）が撰した北斗法の次第書「香隆寺指尾法」でも薬恒が引いた「大唐開成四年暦」の文章が引用されており[13]、唐代末の民間具注暦の一つとみられる暦書も北斗信仰の典拠として用いられたことが知られる。

では、北斗への礼拝図をともなう「大唐開成四年暦」とはどのような暦であったのであろうか。そのような暦が二十世紀初頭にイギリス人スタインが敦煌で蒐集した文献のなかに見いだされる。スタインNo.二四〇四「日暦」（年次不詳、「□随軍参謀翟奉達撰」とある）がそれであり、暦序部分が残り、大歳・大

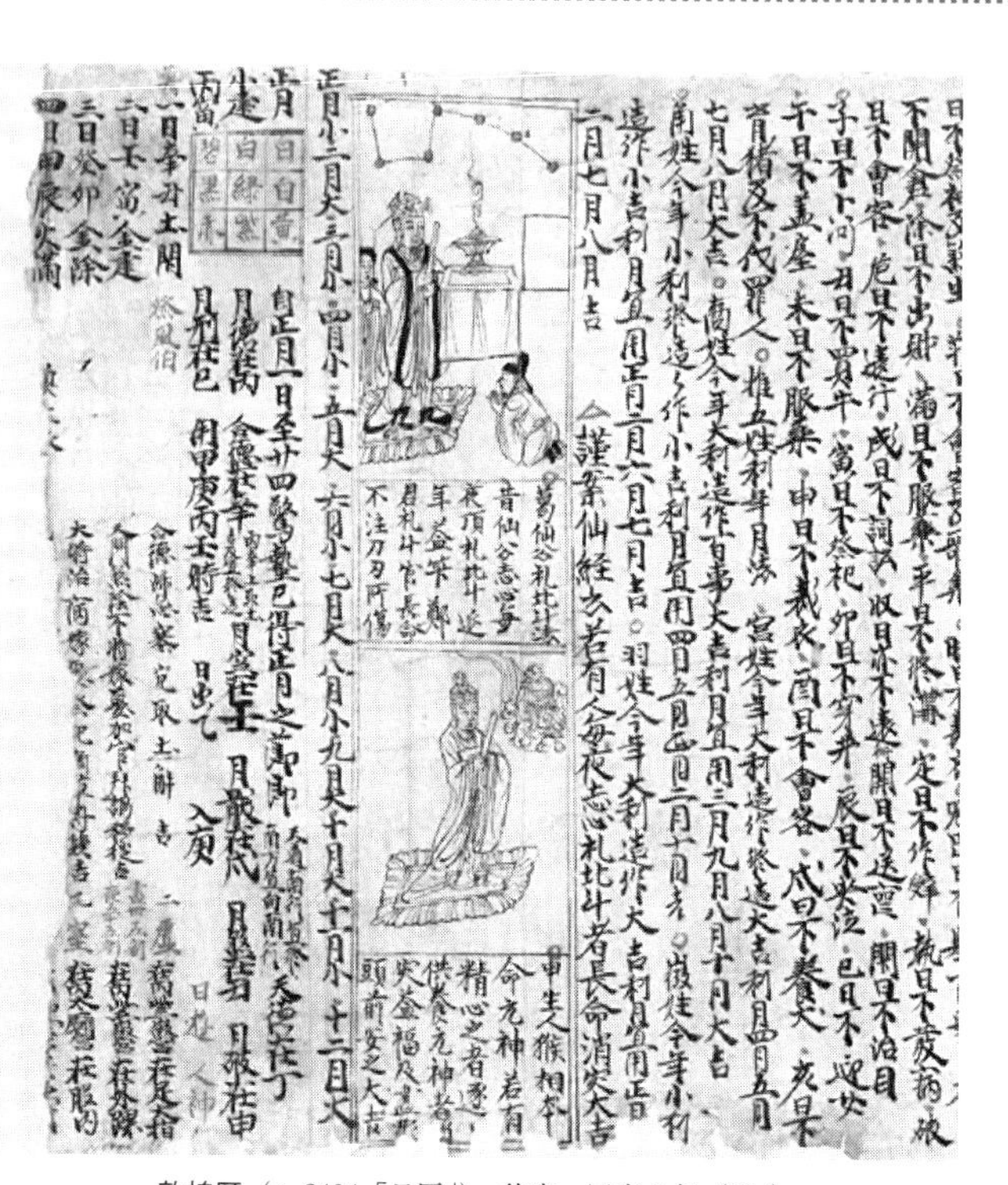

敦煌暦（S. 2404「日暦」） 後唐・同光２年（924）

陰など八将神の方位、土公の遊行方位、宅内伏龍の所在、九宮図、推七曜直日吉凶法、日遊人神所在、雑忌日法、推五姓利年月法などを記す。次いで「仙経」を引いて次のようにみえる。

謹んで仙経を案ずるに云ふ、若し人有りて毎夜志心に北斗を礼すれば、長命消災して大吉。

【皇帝礼北斗図】葛仙公礼北斗法に、昔、仙公は志心に毎夜北斗を拝礼し、延年益算す。鄭君は斗官を礼して、長命にして、刀刃を注ぎても傷つくところとならず。

【礼猴図】申生まれの人、猴を本命元神と相す。若し精心有るの者、逐日元神を供養すれば、消災益福、及び形頭を画して前にこれを安ずれば大吉。

そこには皇帝礼北斗図があり、「葛仙公礼北斗法」を引用して北斗を拝することの効験を説き、ついで本命元神信仰に関する礼猴図がある。この暦は唐末五代、後唐の同光二年（九二四）の暦と推定されている。[14]「大唐開成四年暦」はそれより八〇年前のもので、北斗七星の女神と皇帝との詳しい問答があるが、「葛仙公礼北斗法」を引き図を伴うことも共通しており、このような北斗信仰を付した民間具注暦が九世紀の唐で出廻っていたことがわかる。

唐の開成四年（承和六年・八三九）とは承和の遣唐使が帰国した年であり、この「大唐開成四年暦」はその中にいた真言請益僧の円行が伝えたものと推測される。円行は帰国後に北山霊巌寺に止住した。[15]霊巌寺は貞観年間から北辰に天皇が御燈を奉るところであり、北斗信仰とかかわりが深い寺であったが、宿曜師深算撰の『宿曜占文抄』（十二世紀前半成立、高山寺蔵）には「南山日蔵抄に云ふ、供宿曜天法二巻あり、義浄三蔵の訳すところ也。真言目録に載せず。霊巌円鏡（円行）の所持也。彼の阿闍梨遷化の後、門人これを得て伝ふる也、といへり」と、円行が宿曜道のテキスト『宿曜天法』を伝えたとの伝がある。また『香隆寺指尾法』を著した寛空もその法脈を伝える僧であったから、「大唐開成四年暦」は円行によりもたらされ寛空に伝えられたものであり、北斗信仰に関する諸資料を尋ね集めていた薬恒も「葛仙公礼北斗法」とともに「大唐開成四年暦」に注目したのであろう。密教の北斗法とその信仰の典拠の一つは、このような唐代の星辰信仰を説く民間具注暦であったわけである。

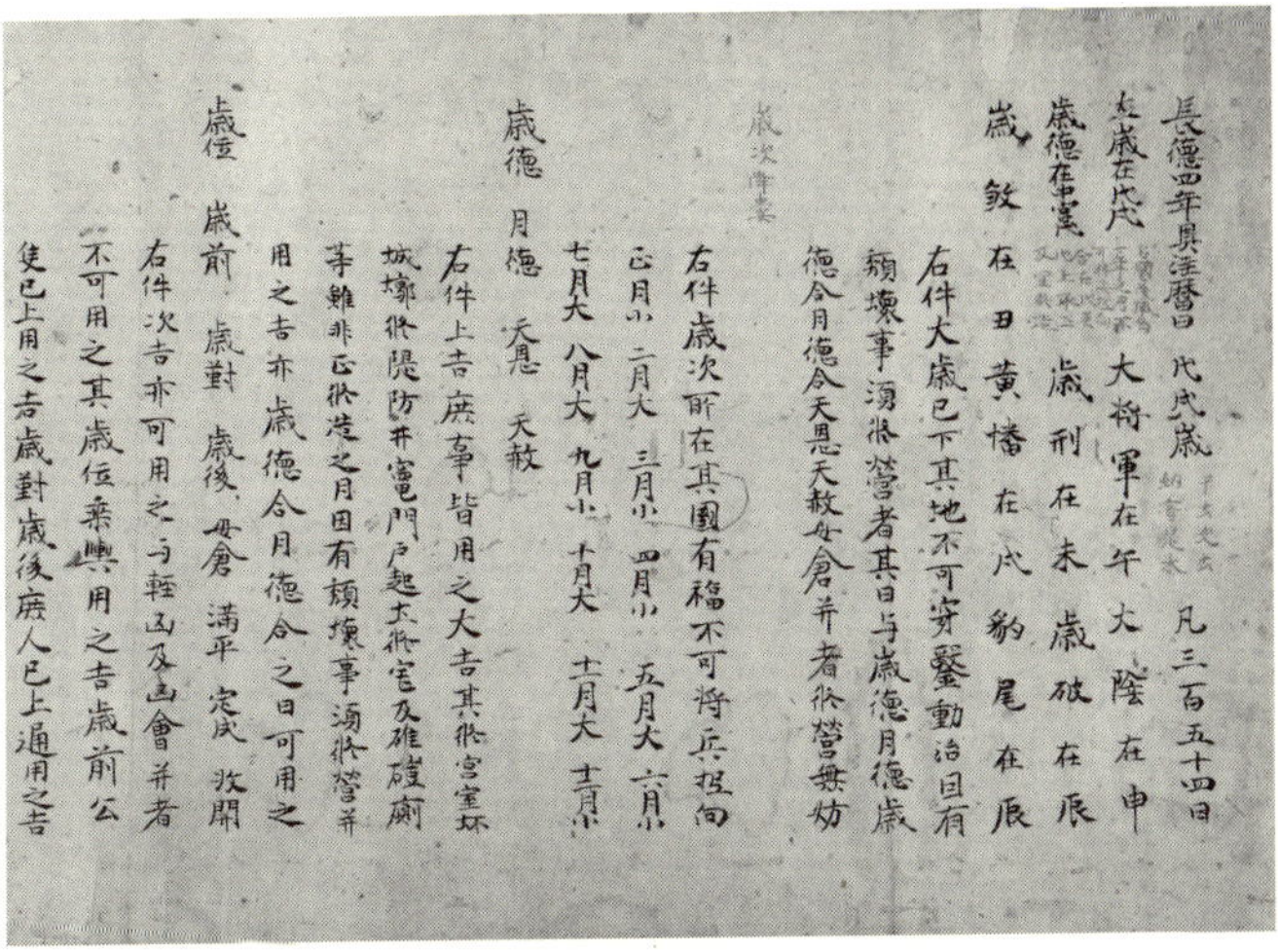

長徳４年具注暦下巻　暦序の冒頭（『御堂関白記』自筆本、陽明文庫蔵。倉本一宏氏撮影）

# 二　具注暦の内容

## 長徳四年の具注暦

具注暦に書かれる内容は、冒頭の何年の具注暦かを示す題号と干支・年間日数、歳徳・八将神の方位や暦注の解説などを記す暦序の部分、正月から十二月まで各月の月建と日数・暦注を記す暦日部分、そして巻末に前年十一月一日の御暦奏の日付と造暦者の署名を記す暦跋部分などに区別することができる。

暦日の各日の事項は、日付・干支・納音・十二直が上段に、弦望・二十四節気・七十二候・六十卦・没滅などが中段に、その他の大歳の位置・凶会や小字の吉事雑注が下段に、人神・日遊神の所在が下段下方にある。また所定の日には日出日入時刻・昼夜刻数、日月食の予報時刻・食分など、暦によっては時間の吉凶注を下段に付すものもある。このほか朱書の注としては日付上部欄外及び上段に宿曜その他の暦注がある。

古代の暦で最もまとまった形を伝え、かつ古いのは藤原道長の日記『御堂関白記』が書かれた長徳四年具注暦下巻（七月から十二月の半年分の暦）である。これまで、日記の本文は注目されても暦自体が検討されることはほとんどないが、これも道長ら平安貴族の生活を支えた貴重な史料である。そこでその暦序と七月の冒頭部分、間は略記して暦跋部分を引用してみよう。[16]

---

長徳四年具注暦日　戊戌歳『干土、支土、納音是木、』　凡三百五十四日

大歳在戊戌『名闍茂、歳為一年之君、不可将兵抵向、』、大将軍在午、大陰在申、

歳徳在中宮戊『合在戊癸、戊上取土、及宜修造、』、歳刑在未、歳破在辰、

歳　殺　在　丑、　　　黄幡在戌、　豹尾在辰、

右件大歳已下、其地不可穿鑿動治。因有頽懐事、須修営者、其日与歳徳月徳歳徳合月徳合

天恩天赦母倉幷者、修営無妨、

『歳次降婁』

右件歳次所在其国有福、不可将兵抵向、

正月小　二月大　三月小　四月小　五月大　　六月小

七月大　八月大　九月小　十月大　十一月大　十二月小

歳徳・月徳・天恩・天赦

　右件上吉、庶事皆用之大吉、其修宮室、坏城墎、修堤防井竈門戸、起土修宅及碓磑厠等、
　雖非正修造之月、因有頽懐事、須修営幷用之吉、亦歳徳合月徳合之日、可用之、

歳位・歳前・歳対・歳後・母倉・満・平・定・成・収・開

　右件次吉、亦可用之、與軽凶及凶会幷者、不可用之、其歳位乗輿用之吉、歳前公侯已上用
　之吉、歳対・歳後庶人已上通用之吉、

廿四気・朔・望・弦・晦・建・除・執・破・危・閉

　右件軽凶、亦不可用之。與上吉幷者、用之無妨。其晦日唯利用除服・解除吉、

単陽　単陰　純陽　純陰　陽錯　陰錯　行佷　了戻

陰陽倶錯　陰道衝陽　陽破　陰衝　純〔絶〕陽　絶陰　歳博

逐陣　陰位　三陰　狐辰　陰陽衝破　陰陽衝撃　陰陽交破

　右件凶会、不可用之、雖與上吉幷、亦不可用之、

往亡　其日不可遠行・拝官・移徙・呼女・娶婦・帰家・祠祀、大凶、

帰忌　其日不可遠行・帰家・移徙・呼女・娶婦、大凶、

血忌　其日不可行刑戮、及針刺・出血、凶、

月殺　其所在及其日、不可動出〔土〕及寄客、与上吉幷者、用之無妨、

九坎　其日不可出行及種蒔・蓋屋、

厭及厭對　其厭日不可出行、利以鎮禳、其厭對日不可為吉事及種蒔、

人神　其所在不可針灸、

日遊　其所在不可動土・掃舎、及産婦須避之、

重・復　其日不可為凶事、必重必復、宜用吉事、

三伏　其日金気伏蔵之日也、不可療病及遠行、

社　其日命民祭土之日也、

臘　其日所謂先祖五祀之日也、不可療病及嫁娶、

無翹　其日不可嫁娶、妨姑、凶、

没・滅　其日暦余分、陰陽不足、非正日、故不可用之、

虧蝕　其日日月同道、相衝掩映之会、故不可用之、

三鏡　其所在葬送・往来乗之大吉、

七月大建『土府在卯　土公在井』

庚　天道北行宜向北行、及宜修造、天徳在癸癸上取土、及宜避病、月殺在未用時里内庚壬、

申　月徳在壬合在丁壬丁上取土及宜修造、月空在丙丙上取土及宜修造、三鏡乙辛乾艮巽坤、

『辰宿火曜』一日丁巳、土開　没　『天網卯丑五不遇卯』陰錯、重、厭　足大指
『大将軍還南　忌夜行』

『翼水』二日戊午、火閇　『天網亥五不遇寅丑六壬天網寅』逐陣、無翹、復　外踝　日遊在内
『不視病　不弔人』

（中略）

『心火』八日甲子、金定 立秋七月節 沐浴 涼風至　侯常外『天網酉五不遇午』大小歳對、天恩、復 加冠・拝官・冊授・祠祀・謝土・起土・上梁・修竈碓磑・補城墎・坏土墟・安床帳吉
『大将軍遊東　土公遊北　神吉』 日出卯初二分　昼五十六刻 日入酉三刻五分　夜卌四刻　腕

（以下、十二月二十九日まで略す）

長徳三年十一月一日　正六位上行暦博士大春日朝臣栄種
正五位下行大炊権頭播磨権介賀茂朝臣光栄

この具注暦で、冒頭の長徳四年具注暦日から三鏡までの個々の暦注解説が暦序であり、七月以下各月の月建・日付の部分が暦日、巻末の長徳三年十一月一日の日付と暦奏者の賀茂光栄と大春日栄種の位署書きが暦跋ということになる。

暦序ではいちいち個々の暦注の禁忌などが説かれ、それによりいささか長大となるが、中世になると冒頭近くの月の大小までが記され、それ以降は略されることが多い（『御堂関白記』自筆本でも寛弘五年暦のように下巻では略すものもある）。また暦序には朱書の暦注の解説が全くないことも、それが本来の具注暦に含まれていない暦注であったことを裏付けている。

## 暦序の暦注

まず暦序の八将神から見て行こう。八将神とは歳徳神を除く大歳、大将軍、大陰、歳刑、歳破、歳殺、黄幡、豹尾などの方角神で、毎年の所在方位はその年の十二支できまる。

『暦林問答集』などによると、大歳は歳星（木星）の精で天地の間に降りて万物を観察し八方を望み見るとし、吉方とする。大将軍は太白（金星）の精で三年ごとに四方を廻り、その方は百事に凶であるとする。方角神としては最も著名な存在で、その方角は三年塞がりとも称し、これを避けて天皇・貴族が盛んに方違えを行い、やがてこの神を祀る堂舎が建てられて平安京の人々の信仰を受けたことは後述する。大陰は鎮星（土星）の精で大歳の后といい、妊者はその方を忌むとする。歳刑は天の陰精で水曜の精とし、殺罰の凶方であるという。歳破は土曜の精で大歳の正反対の方にいるという。歳殺は金曜の精で殺気を主り、万物が滅する方角という。黄幡は羅睺星の精で大歳の墓だといい、豹尾は計都星の精で、黄幡の反対側にある。羅睺・計都はインド天文学で想像された凶神であった。このように八将神は惑星の精とされ、それらの年ごとの所在方位を表示すると表8のようになる。

歳徳方は一年間の徳方であるといい、後代に恵方として用いられ、方位はその年の十干で決まる。

甲歳・己歳ならば東宮甲方（寅卯の中間）　丙歳・辛歳は南宮丙方（巳午の中間）
戊歳・癸歳ならば中宮戊方（巳午の中間）　庚歳・乙歳は西宮庚方（申酉の中間）
壬歳・丁歳ならば北宮壬方（亥子の中間）

表8　暦の八将神方位表

| 八将神＼年の支 | 子 | 丑 | 寅 | 卯 | 辰 | 巳 | 午 | 未 | 申 | 酉 | 戌 | 亥 |
|---|---|---|---|---|---|---|---|---|---|---|---|---|
| 大歳 | 子 | 丑 | 寅 | 卯 | 辰 | 巳 | 午 | 未 | 申 | 酉 | 戌 | 亥 |
| 大将軍 | 酉 | 酉 | 子 | 子 | 子 | 卯 | 卯 | 卯 | 午 | 午 | 午 | 酉 |
| 大陰 | 戌 | 亥 | 子 | 丑 | 寅 | 卯 | 辰 | 巳 | 午 | 未 | 申 | 酉 |
| 歳刑 | 卯 | 戌 | 巳 | 子 | 辰 | 申 | 午 | 丑 | 寅 | 酉 | 未 | 亥 |
| 歳破 | 午 | 未 | 申 | 酉 | 戌 | 亥 | 子 | 丑 | 寅 | 卯 | 辰 | 巳 |
| 歳殺 | 未 | 辰 | 丑 | 戌 | 未 | 辰 | 丑 | 戌 | 未 | 辰 | 丑 | 戌 |
| 黄幡 | 辰 | 丑 | 戌 | 未 | 辰 | 丑 | 戌 | 未 | 辰 | 丑 | 戌 | 未 |
| 豹尾 | 戌 | 未 | 辰 | 丑 | 戌 | 未 | 辰 | 丑 | 戌 | 未 | 辰 | 丑 |

なお儀鳳暦行用期の暦序を伝える正倉院の天平勝宝八歳具注暦では、歳徳は天道・人道とともに八将神のつぎのグループにまとめられている。

これらについて暦序では、「右件の大歳巳下、その地穿鑿動治するべからず。頽懐の事有るによる。須く修営すべくば、その日歳徳・月徳・歳徳合・月徳合・天恩・天赦・母倉と幷べば、修営妨げ無し」と、その方角で穿鑿や動治、即ち土木工事をしてはならない。但し修造の日が歳徳・月徳・歳徳合・月徳合・天恩・天赦・母倉と並んだらその妨げはないとしている。この歳徳・月徳以下は吉神であり、その配当は次のようになる。

歳徳と歳徳合の配当はその年の十干による。

甲・己歳―甲日が歳徳、己日が歳徳合　　乙・庚歳―庚日が歳徳、乙日が歳徳合
丙・辛歳―丙日が歳徳、辛日が歳徳合　　丁・壬歳―壬日が歳徳、丁日が歳徳合
戊・癸歳―戊日が歳徳、癸日が歳徳合

月徳と月徳合は毎月の月建に記載があり、節切りの暦注。

正・五・九月―丙日が月徳、辛日が月徳合　　二・六・十月―甲日月徳、己日が月徳合
三・七・十一月―壬日が月徳、丁日が月徳合　　四・八・十二月―庚日が月徳、乙日が月徳合

天恩日は甲子の日より五日間、己卯の日より五日間、己酉の日より五日間で、万物が成育する好日という（六十干支は一四一頁表16-1参照）。天赦日は立春より三か月は戊寅、立夏より三か月は甲午、立秋より三か月は戊申、立冬より三か月は甲子の日をいい、天が万物を生み養う日。

母倉日は節切りで、正・二月―子・亥日、三・六・九・十二月―巳・午日、四・五月―寅・卯日、七・八月―丑・辰・戌日、十・十一月―申・酉日で、五行が生ずる母辰とする。

ついで暦序ではその年各月の大小を記したあと、歳徳・月徳・天恩・天赦をあげ「右件の上吉、庶事皆これを用ゐる大吉。その宮室を修し、城墎を坏し、堤防・井竈・門戸を修し、起土し宅及び碓磑厠等を修す、正に修造の月に非ずと雖も、頽壊の事有るにより、須らく修営すべくば幷びにこれを用ゐるは吉。また歳徳合・月徳合の日、これを用ゐるべし」と、上吉として用いるべきであるとする。

さらに歳位・歳前・歳対・歳後、母倉、満・平・定・成・収・開を次吉とする。歳位・歳前・歳対・歳後は大歳の位置を示すもので暦日下段の基幹部分を構成するし、「大歳位」「大歳前」「大歳対」「大歳後」「大歳位小歳前」と書かれ、四季毎に干支で循環する。「大歳…」ではじまらない「陰錯」「逐陣」などは凶日の凶会日となる。母倉は前述した。満・平・定・成・収・開は十二直で、毎日の日付干支の下に五行の割り当てである納音に次いで記される。ここに含まれない十二直の建・除・執・破・危・閉は軽凶として次に見える。建除十二直は第一章で述べたように日書に見える古い択日法で、その配当は節月ごとと定まっていた。これらの次吉も用いるべきであるが、軽凶と凶会日と並べば用いるべきでないとする。

ここまでが吉で、続いて二十四気・朔・望・弦・晦と建・除・執・破・危・閉を軽凶とし、用いるべきではないが上吉日と並べば妨げはないとする。晦日は除服・解除のみ行えるという。

つぎに単陽・単陰以下、陰陽交破までの二二種の凶会をあげる。この日は凶事が集まる日で、上吉と

表9　凶会日の配当

| 節月 | 干支・凶会日名 |
| --- | --- |
| 正 | 辛卯・三陰　庚戌・陰錯　甲寅・陽錯 |
| 二 | 己卯・陰道衝陽　乙卯・陽錯　辛酉・陰錯 |
| 三 | 甲子・絶陰　乙丑・絶陰　丙寅・絶陰　丁卯・絶陰　戊辰・単陰　壬申・孤辰　庚辰・陰位<br>甲申・行佷　丙申・了戻　甲辰・陽錯　戊申・孤辰　庚申・陰錯　癸亥・絶陰 |
| 四 | 戊申・絶陰　己巳・陽錯絶陰　辛未・孤辰　癸未・孤辰　乙未・行佷　己亥・陰陽衝破<br>丙午・歳博　丁未・陰陽了戻　丁巳・陰錯　戊午・歳博　己未・陰錯孤辰　癸亥・陰陽交破 |
| 五 | 丙午・陰陽倶錯　壬子・陰陽衝撃　戊午・陰陽倶錯 |
| 六 | 己巳・陰陽　丙午・逐陳　丁未・陽錯　癸丑・陽破陰衝　丁巳・陰錯　戊午・逐陳　己未・陽錯 |
| 七 | 乙酉・三陰　甲辰・陰錯　庚申・陽錯 |
| 八 | 己酉・陰道衝陽　乙卯・陰錯　辛酉・陽錯 |
| 九 | 丙寅・孤辰　甲戌・陰位　戊寅・孤辰　庚寅・行佷　辛卯・絶陽　壬辰・絶陽　癸巳・絶陽<br>甲午・絶陽　乙未・絶陽　丙申・絶陽　丁酉・絶陽　戊戌・単陽　壬寅・了戻　庚戌・陽錯<br>甲寅・孤辰陰錯 |
| 十 | 乙丑・孤辰　己巳・陰陽衝撃　丁丑・孤辰　戊戌・絶陽　丁巳・陰陽交破　己丑・孤辰<br>己亥・絶陰　辛丑・行佷　壬子・歳博　癸丑・陰錯了戻　戊子・歳博　癸亥・陽錯 |
| 十一 | 戊子・陰陽倶錯　丙午・陰陽衝撃　壬子・陰陽倶錯 |
| 十二 | 戊子・逐陳　丁未・陽破陰衝　壬子・逐陳　癸丑・陽錯　癸亥・陰錯 |

並んでも用いるべきではないとする。節月毎に正月は辛卯・甲寅の日などと定められ、正月・二月・五月・七月・八月・十一月は三回と少ない月もあるが、三月・四月・九月・十月は配当が多く、三月節は癸亥の日から六日間、とくに九月節は庚寅の日から九日間凶会日が続き「ながくゐ」といわれた。

このあと個別に暦日下段に記される凶日などを取り上げている。帰忌・血忌・九坎・厭及び厭対、重日・復日は節月干支で配当が決まる「節切り」の暦注で、まとめて配当を表示（表10）する。

往亡は節月入りからの日数で配当され（巻末付表「入節の日数による暦注」参照）、「その日遠行・拝官・移徙・呼女・娶婦・帰家・祠祀するべからず、大凶なり」とあり、『暦林問答集』によると、『新撰陰陽書』に天の殺鬼といい、『暦例』に「往くは去る也、亡は無き也」とある凶日（以下の典拠引用も『暦林問答集』による）。

帰忌は、「その日遠行・帰家・移徙・呼女・娶婦すべからず、大凶なり」とあり、『暦例』に天棓星の精で、その日に天より下って人家の門に居り、家に帰るのを防ぐ不吉日とする。血忌は「その日に刑戮及び針刺・出血を行ふべからず、凶なり」とあり、『郝震堪輿経』の説に、梗河星の精で殺伐を主るとする。月殺は、「その所在その日に及ばば、動土及び客を寄すべからず、上吉と幷べば、これを用ゐるに妨げなし」とする。九坎は、「その日に出行及び種蒔・蓋屋すべからず」とあり、『尚書暦』には九星の精で百事を挙げるのに凶とする。厭・厭対は、「その厭日は出行すべからず、利するに鎮禳をもってす。その厭対日は吉事及び種蒔をなすべからず」とある。

人神は、身中の神であり「その所在に針灸すべからず」という。一日は足大指、二日は外踝、三日は

表10　節切りで配当される暦注

| 十二支＼節月 | 正 | 二 | 三 | 四 | 五 | 六 | 七 | 八 | 九 | 十 | 十一 | 十二 |
|---|---|---|---|---|---|---|---|---|---|---|---|---|
| 子 | | | 帰忌 | | 厭対 | 帰忌 九坎 | | | 帰忌 | | 厭 | 帰忌 血忌 無翹 |
| 丑 | 帰忌 血忌 | 九坎 | | 帰忌 厭対 | | | 帰忌 | | | 帰忌 厭 | 無翹 | |
| 寅 | | 帰忌 | 血忌 厭対 | | 帰忌 | | | 帰忌 | 九坎 厭 | 無翹 | 帰忌 | |
| 卯 | | 厭対 | | | 血忌 九坎 | | | 厭 | 無翹 | | | |
| 辰 | 九坎 厭対 | | | | | | 血忌 厭 | 無翹 | | | | |
| 巳 | 重 | 重 | 重 | 重 | 重 | 重 厭 | 重 無翹 | 重 | 重 血忌 | 重 | 重 | 重 九坎 厭対 |
| 午 | | | | | 厭 | 無翹 | | 九坎 | | | 血忌 厭対 | |
| 未 | | 血忌 | | 九坎 厭 | 無翹 | | | | | 厭対 | | |
| 申 | | | 厭 | 血忌 無翹 | | | | | 厭対 | | 九坎 | |
| 酉 | | 厭 | 無翹 | | | 血忌 | 九坎 | 厭対 | | | | |
| 戌 | 厭 | 無翹 | 九坎 | | | | 厭対 | 血忌 | | | | |
| 亥 | 無翹 重 | 重 | 重 | 重 | 重 | 重 厭対 | 重 | 重 | 重 | 重 九坎 血忌 | 重 | 重 厭 |
| 復日 | 甲、庚 | 乙、辛 | 戊、己 | 丙、壬 | 丁、癸 | 戊、己 | 甲、庚 | 乙、辛 | 戊、己 | 丙、壬 | 丁、癸 | 戊、己 |

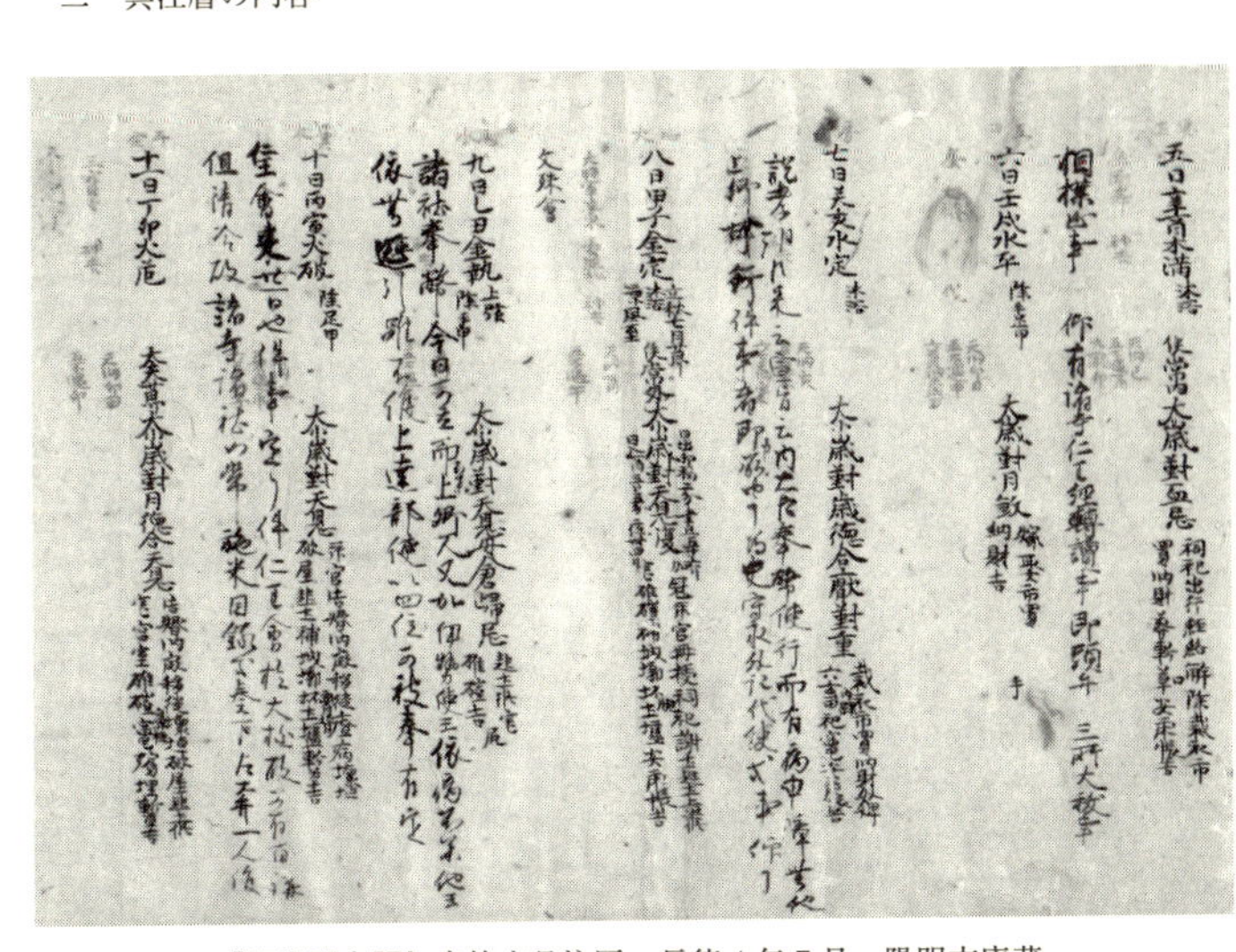

『御堂関白記』自筆本具注暦、長徳４年７月　陽明文庫蔵

股内というように三十日間で身中の所在位置を移動した。『御堂関白記』自筆本の暦では正月、七月に記され、二月に見える暦もある（正倉院の天平勝宝八歳暦も二月に見える）。その所在は『医心方』巻二にも載るが、異説もある。

日遊は「その所在動土・掃舎すべからず、及び産婦これを避くるべし」とする。『暦林問答集』に、「日遊は天一火神也。日の精気下りて宮舎内外を主り、しかして八方に遊ぶ。日の精を主るの故に日遊と名づく」とあり、癸巳の日より己酉の日に至る一七日間と戊・己の日は屋舎内にあり、暦に「日遊在内」と記すとする。

重・復日は、「その日凶事をなすべからず、必ず重なり必ず復す、宜しく吉事に用ゐるべし」とする。三伏は、「その日金気伏蔵の日也、療病及び遠行すべからず」とする。社と臘は、漢代の暦にも見え祭祀に関わる古い暦注である。無翹は、「その日嫁娶、妨姑すべからず、凶なり」とあり、『暦例』に天一の精とする。

没・滅日は、「その日暦の余分、陰陽不足、正日にあらず。故にこれを用ゐるべからず」とする凶日。一太陽年は三六五・二四余りであるが正確に季節の推移を示す節と中気の間隔を一五日、一節月を三〇日、一年を三六〇日とする理想的な暦法観念によりその余分とされた日であり、没日は節切りの暦注や方違えの日数期日はこの日を数えないものとした。

### 暦日の暦注と暦跋

暦日部分では、まず月建に何月、月の大小と干支、天道・天徳・月殺・月徳・月空・三鏡などの方位を記し、また土府・土公の所在が朱書されている。正倉院暦では墨書で土府はあるが土公はない。月建の干支は年の十干により正月は丙寅・戊寅・庚寅・壬寅・甲寅と変わるが、十二支の寅は変わらない。これは古来中国で季節により夕刻に見える北斗七星の柄の建（おざ）す方角を示すもので、月名に充てられ正月は建寅、二月は建卯、三月は建辰、四月は建巳、五月は建午、六月は建未、七月は建申、八月は建酉、九月は建戌、十月は建亥、十一月は建子、十二月は建丑と言った。これが夜間に時刻を知る目安として用いられたことは後述する。

暦日は前にも述べたが上段・中段・下段に区別される。七月八日条で示せばつぎのようである。

| 欄外 | 上段 | 中段 | 下段 |
| --- | --- | --- | --- |
| 『心火』 | 八日甲子、金定 | 立秋七月節　沐浴　涼風至　侯常外 | 大小歳對、天恩、復　加冠・拝官・冊授・祠祀・謝土・起土・上梁・修竈碓磑・補城墎・坏土壚・安床帳吉 |
| | 『大将軍遊東　土公遊北　神吉』 | 『天網酉　五不遇午』 | 日出卯初二分　昼五十六刻　日入酉三刻五分　夜卌四刻　腕 |

上段には日付・干支・納音（五行）・十二直、中段には二十四節気、七十二候、六十卦、上弦・望・下弦、滅・没、除手甲・除足甲、沐浴など、下段には大歳以下、暦序に解説のあった往亡・帰忌・母倉・重・復など当日に配当される暦注を記し、つぎに小字二行で加冠・拝官・冊授・祠祀・謝土・起土・上梁、修竈碓磑などの吉事の雑注を記す。人神・日遊在内をその下に書す。また毎月四から二回日の出、日の入時刻、昼夜の刻数の記載があり（巻末付表「入節日数による暦注」参照）、日食・月食があればこれも下段に食分や予報時刻も記された。

このほかに朱書の暦注があり、長徳四年具注暦でみれば、上段欄外には七曜・二十七宿、太禍・狼藉・滅門、上段には羅刹、甘露、金剛峯、三宝吉、下食時、方角神の大将軍遊行、天一所在、土公所在など、中段には神吉、伐、忌夜行、忌遠行、不弔人、天間、不視病、不問疾、五墓、八龍、六蛇、九虎など、そして下段には伏龍の所在がある。前述のように朱書の暦注が加えられるようになったのは九世紀末からの具注暦とみられる。

表11　二十七宿配当表（配当は暦日による）

| 25 | 24 | 23 | 22 | 21 | 20 | 19 | 18 | 17 | 16 | 15 | 14 | 13 | 12 | 11 | 10 | 9 | 8 | 7 | 6 | 5 | 4 | 3 | 2 | 1 | 日／月 |
|---|---|---|---|---|---|---|---|---|---|---|---|---|---|---|---|---|---|---|---|---|---|---|---|---|---|
| 女 | 斗 | 箕 | 尾 | 心 | 房 | 氐 | 亢 | 角 | 軫 | 翼 | 張 | 星 | 柳 | 鬼 | 井 | 参 | 觜 | 畢 | 昴 | 胃 | 婁 | 奎 | 壁 | 室 | 正 |
| 危 | 虚 | 女 | 斗 | 箕 | 尾 | 心 | 房 | 氐 | 亢 | 角 | 軫 | 翼 | 張 | 星 | 柳 | 鬼 | 井 | 参 | 觜 | 畢 | 昴 | 胃 | 婁 | 奎 | 二 |
| 壁 | 室 | 危 | 虚 | 女 | 斗 | 箕 | 尾 | 心 | 房 | 氐 | 亢 | 角 | 軫 | 翼 | 張 | 星 | 柳 | 鬼 | 井 | 参 | 觜 | 畢 | 昴 | 胃 | 三 |
| 婁 | 奎 | 壁 | 室 | 危 | 虚 | 女 | 斗 | 箕 | 尾 | 心 | 房 | 氐 | 亢 | 角 | 軫 | 翼 | 張 | 星 | 柳 | 鬼 | 井 | 参 | 觜 | 畢 | 四 |
| 昴 | 胃 | 婁 | 奎 | 壁 | 室 | 危 | 虚 | 女 | 斗 | 箕 | 尾 | 心 | 房 | 氐 | 亢 | 角 | 軫 | 翼 | 張 | 星 | 柳 | 鬼 | 井 | 参 | 五 |
| 觜 | 畢 | 昴 | 胃 | 婁 | 奎 | 壁 | 室 | 危 | 虚 | 女 | 斗 | 箕 | 尾 | 心 | 房 | 氐 | 亢 | 角 | 軫 | 翼 | 張 | 星 | 柳 | 鬼 | 六 |
| 鬼 | 井 | 参 | 觜 | 畢 | 昴 | 胃 | 婁 | 奎 | 壁 | 室 | 危 | 虚 | 女 | 斗 | 箕 | 尾 | 心 | 房 | 氐 | 亢 | 角 | 軫 | 翼 | 張 | 七 |
| 張 | 星 | 柳 | 鬼 | 井 | 参 | 觜 | 畢 | 昴 | 胃 | 婁 | 奎 | 壁 | 室 | 危 | 虚 | 女 | 斗 | 箕 | 尾 | 心 | 房 | 氐 | 亢 | 角 | 八 |
| 軫 | 翼 | 張 | 星 | 柳 | 鬼 | 井 | 参 | 觜 | 畢 | 昴 | 胃 | 婁 | 奎 | 壁 | 室 | 危 | 虚 | 女 | 斗 | 箕 | 尾 | 心 | 房 | 氐 | 九 |
| 亢 | 角 | 軫 | 翼 | 張 | 星 | 柳 | 鬼 | 井 | 参 | 觜 | 畢 | 昴 | 胃 | 婁 | 奎 | 壁 | 室 | 危 | 虚 | 女 | 斗 | 箕 | 尾 | 心 | 十 |
| 心 | 房 | 氐 | 亢 | 角 | 軫 | 翼 | 張 | 星 | 柳 | 鬼 | 井 | 参 | 觜 | 畢 | 昴 | 胃 | 婁 | 奎 | 壁 | 室 | 危 | 虚 | 女 | 斗 | 十一 |
| 箕 | 尾 | 心 | 房 | 氐 | 亢 | 角 | 軫 | 翼 | 張 | 星 | 柳 | 鬼 | 井 | 参 | 觜 | 畢 | 昴 | 胃 | 婁 | 奎 | 壁 | 室 | 危 | 虚 | 十二 |

表12　甘露・金剛峯・羅刹日配当表

| 羅利 | 金剛峯 | 甘露 | 項目／七曜 |
|---|---|---|---|
| 胃 | 尾 | 軫 | 日 |
| 鬼 | 女 | 畢 | 月 |
| 翼 | 壁 | 尾 | 火 |
| 参 | 昴 | 柳 | 水 |
| 氐 | 井 | 鬼 | 木 |
| 奎 | 張 | 房 | 金 |
| 柳 | 亢 | 星 | 土 |

| 26 | 27 | 28 | 29 | 30 |
|---|---|---|---|---|
| 虚 | 危 | 室 | 壁 | 奎 |
| 室 | 壁 | 奎 | 婁 | 胃 |
| 奎 | 婁 | 胃 | 昴 | 畢 |
| 胃 | 昴 | 畢 | 觜 | 参 |
| 畢 | 觜 | 参 | 井 | 鬼 |
| 参 | 井 | 鬼 | 柳 | 星 |
| 柳 | 星 | 張 | 翼 | 軫 |
| 翼 | 軫 | 角 | 亢 | 氐 |
| 角 | 亢 | 氐 | 房 | 心 |
| 氐 | 房 | 心 | 尾 | 箕 |
| 尾 | 箕 | 斗 | 女 | 虚 |
| 斗 | 女 | 虚 | 危 | 室 |

表13　上中段の主要朱書暦注配当表

| 項目／月 | 太禍（以下節切り） | 狼藉 | 滅門日 | 忌遠行 | 忌夜行 |
|---|---|---|---|---|---|
| 正 | 亥 | 子 | 巳 | 酉 | 子 |
| 二 | 午 | 卯 | 子 | 巳 | 子 |
| 三 | 丑 | 午 | 未 | 丑 | 午 |
| 四 | 申 | 午 | 寅 | 酉 | 午 |
| 五 | 卯 | 子 | 酉 | 巳 | 巳 |
| 六 | 戌 | 卯 | 辰 | 丑 | 巳 |
| 七 | 巳 | 酉 | 亥 | 酉 | 戌 |
| 八 | 子 | 酉 | 午 | 巳 | 戌 |
| 九 | 未 | 卯 | 丑 | 丑 | 未 |
| 十 | 寅 | 卯 | 申 | 酉 | 未 |
| 十一 | 酉 | 午 | 卯 | 巳 | 辰 |
| 十二 | 辰 | 酉 | 戌 | 丑 | 辰 |

| 項目（以下は日の干支で配当） | |
|---|---|
| 忌弔人 | 辰　午 |
| 忌視病 | 戊 |
| 忌問疾 | 巳 |
| 伐 | 庚午　丙子　戊寅　己卯　辛巳　癸未　甲申　乙酉 |
| | 丁亥　壬辰　乙未　辛亥 |
| 三宝吉　上吉 | 壬午　庚寅　甲午　丁酉　己酉 |
| 中吉 | 辛未　癸酉　壬寅　甲辰　庚子 |
| 下吉 | 丙寅　丁卯　庚午　丁丑　戊寅　庚辰　辛巳　癸未 |
| | 乙酉　癸巳　辛丑　癸卯　丙午　丁未　戊申　辛亥 |
| | 癸丑　甲寅　乙卯　丁巳　己未　辛酉 |
| 五墓 | 戊辰　壬辰　丙戌　辛丑　乙未 |

宿と曜は不空の『宿曜経』を典拠としてそれぞれ吉凶の性格を異にしたが、さらに表12のようにそれらを組み合わせ、甘露日は日曜と軫宿が合う日などで灌頂を受け、寺を作り、受戒、習学、出家修道をなす大吉日とされ、金剛峯日は日曜と尾宿が合う日などで一切の降伏法を行うのに良いとされ、羅刹日は日曜と胃宿が合う日などで殃過に合い百事を挙げるべきではない日とされた。

太禍・狼藉・滅門日はその名称が示すように万事散失の凶日で、『暦林問答集』には『宿曜経』に出るとしているが、今日伝わる『宿曜経』にはその語はなく、空海が伝えたものではなく別の雑密の疑偽経典を典拠としたものと考えられる。三宝吉日は仏事によい日であり、院政期成立の『陰陽略書』に、三宝吉日に吉備真備、婆羅門僧正菩提、春苑玉成の三家の説があり、暦家は吉備真備説を採り具注暦に載せているとある。

このように日本の具注暦は古代中国の日書や五行家説・暦家説による禁忌項目を主体としながら、その他さまざまな仏教的要素を取り入れて形成されたものであった。

暦日のあと具注暦の巻末に記される年月日と造暦者の署名を合わせて暦跋というが、その日は前年十一月一日の御暦奏の日付であり、暦博士・陰陽寮が中務省を通して天皇に具注暦を奏上したことを象徴する記載であった。長徳四年具注暦で造暦者として名を記しているのは正五位下大炊権頭兼播磨権介の賀茂光栄と正六位上暦博士の大春日栄種の二人で、光栄はすでに暦博士から大炊権頭に遷っていたが前暦博士として造暦に預かるべき宣旨、略して造暦の宣旨を蒙っており上位に名を署している。これ以後暦博士以外で暦跋に署名するのは宣旨を蒙っていた暦家賀茂氏の一族であった。

次節では、このような具注暦の頒布とそれを担った暦家賀茂氏について述べることとする。

## 三　暦の供給と暦家賀茂氏

### 頒暦制度の解体

平安時代に入ると公民支配と徴税制の破綻が進行し律令制による地方支配は困難となり、中央では天皇・摂関家を中心に儀式を重視した政治が行われ、地方はさほど顧みられず受領の支配に任されていた。そのようななかで大量の料紙を必要とした頒暦制度の維持は困難となり、本来一六六巻作られた頒暦は『西宮記』巻六、旬、御暦奏でその数を減じて一二〇巻とされ（その内訳を六〇巻は弁官、一二巻は内侍、四八巻は局に留めるとする）、さらに実際には『本朝世紀』によると天慶四年（九四一）十一月一日の御暦奏では料紙の不足により頒暦は一一巻しか奏進されず、正暦四年（九九三）十一月一日の御暦奏では頒暦はまったく奏進されなかったという。十二世紀の初めに成立した『師遠年中行事』（『続群書類従』公事部）には「分〔頒〕暦絶えて久しく無し」とあるから、御暦は作られ形式的な御暦奏は行われたが、頒暦は十世紀末から十一世紀には完全に廃止されていたものと考えられる。

しかし頒暦制度は途絶えたとしても、社会の進展とともに暦の需要は増大していたし、また現実に平安時代の暦が多数現存している。藤原道長が『御堂関白記』を書き込んだ長徳四年（九九八）具注暦下巻以下が一四巻残るし、醍醐寺や三千院等の寺院にも当時の暦が残されている。

前述のように具注暦には天皇用の御暦と諸司に配る頒暦があり、それらは暦博士が造り陰陽寮が書写を行って中務省へ送り、毎年十一月一日に御暦奏が行われた。御暦は天皇だけでなく中宮や皇太子も進献の対象であり、『兵範記』長承元年（一一三二）十二月十日条には中宮への献上の例がつぎのようにみえる。

陰陽寮官人、明年の御忌勘文幷びに侍所の新暦二巻を持参す。下官勘文を取り御前に啓す。即ち返し給ふ。童女の年歯幷びに衣服の色、勘申に任せて明年の陪膳の女房の許に注送し了る。大納言局、師頼女、新暦は侍所に留む。

（裏書）庁相折に云はく、陰陽寮御暦を献ずる官人の禄料は絹二疋。

『兵範記』の記主平信範は中宮藤原聖子の権少進であった。裏書にも「陰陽寮御暦を献ずる官人」とあるから、御所の侍所に留め置かれた新暦二巻は御暦の上下二巻とみてよいであろう。なお上皇にも進上されたであろうが、『長秋記』元永二年（一一一九）七月十三日条には、

院の殿上に於いて和歌あり。殿上人十余人、中門の廊に於いてこれを講ず。暦台を以て文台と為す。事了って分散す。

とあり、白河上皇の御所に暦台があったことが知られる。[17] 院の殿上や侍所には巻子の具注暦の数日分を広げておく暦台が置かれ、院司らがこれを見て奉仕していた様子が窺える。

また、臣下でも准三宮宣旨を蒙れば御暦進献の対象となった。藤原忠平は天慶二年（九三九）二月にその宣旨を受けると、『貞信公記抄』同年十二月五日条に、

陰陽助惟香、丞・属等を率ゐて新暦を高机に置きて将来して云はく、三宮に准ずべき宣旨在りと云々。その由を聞かず、慥に答えず。

とあり、陰陽寮から助以下が忠平第に出向し新暦を献じている。

御暦は上下二巻で、道長の『御堂関白記』も上下二巻であった。『延喜式』巻十六陰陽寮の造暦用途条の規定によると、閏月のない平年の御暦は四七張の紙を用いるとし、半年分は二三・五張となる。『御堂関白記』自筆本の暦は半年分一四巻が残り、紙数は二三から二八張と一定せず平均約二五張を要しているが、[18] ほぼ御暦と同じと見てよいであろう。なお道長も長和五年六月十日に准三宮宣旨を蒙り、忠平の例によれば御暦進献の対象となるが、暦の上ではそれ以前と明確な違いはみられないようである。

頒暦は『延喜式』の造暦用途条の規定では一六帳の紙を用いるとし、その比率は御暦の約三分の一となる。このことから藤本孝一氏[19]は、行幅を同じとした場合に御暦を『御堂関白記』の如く一日三行取り（間明き二行）とすると、諸司用の頒暦は間明きを持たない暦となると推測された。頒暦の形式はそのよ

うに考えられるが、ただし十世紀後半ころから支配体制の崩壊を反映して頒暦作成に用いる大量の料紙は陰陽寮へ送られなくなり、頒暦制度は廃絶していた。現在平安中期以降多数の具注暦が残されているが、間明きをもつ暦とない暦がある。『御堂関白記』の暦など二行以上の間明きのある具注暦が御暦の系統にあるとすれば、間明きのない暦は頒暦ではないが形の上ではその系統に属す暦と言えよう。

## 具注暦の供給経路

では具注暦は、誰からどのようにして供給されたものであろうか。つぎに具体的な例をみていくことにしよう。

### (1) 陰陽師へ依頼

貴族が暦の供給を受ける初見史料は、『小右記』長和三年（一〇一四）十月二日条に、

陰陽師笠善任新暦を持ち来る。（先日料紙を給ふ。）疋絹を賜ふ。（紙に裏む。）

と見えるものである。当時大納言であった藤原実資は御暦奏の式日より早く陰陽寮の陰陽師笠善任に料紙を渡して暦を書写させ、持参後に禄を与えている。

### (2) 暦家から奉献

その後実資は右大臣となり、治安三年（一〇二三）十一月十九日条には「暦博士守道暦を進む、上・下。」とあって、直接暦博士の賀茂守道から上下二巻の暦が進上されている。

摂関家の例では、『後二条師通記』寛治六年（一〇九二）三月十六日条に「陰陽師道時〔言〕朝臣暦下巻を奉り了る」とあり、藤原師通は暦家賀茂道言から遅れて三月に暦の下巻を進められている。上巻は前年中に進められたのであろう。

藤原忠実の場合は、『殿暦』康和五年（一一〇三）十二月二十九日条に、

巳時許り陰陽師光平来る、新暦を持ち来る也。開き了る。但し新暦持ち来り、於くまてみはつる也。是故殿の仰せ也。新暦を持ち来る時、抽〔軸〕本まて見了る事、今年了り見はつる儀か。宿耀また同じく了る。

とあり、年末に暦家賀茂光平が新暦を持参している。長治元年（一一〇四）十二月二十五日条には、

巳時許り陰陽師道言暦を持ち来る。これを取りて二巻ながら奥を見る。故殿の仰せ也。

永久四年（一一一六）十二月二十九日条に、

午剋許り陰陽師大炊頭光平暦を持ち来る。十二月晦日に至りてこれを見る。これ先例なり。コトサラニ見る。見了りて光平退出す。

と三例見える。年末になると賀茂光平とその父道言が新暦二巻を持ち来り、忠実はそのつど巻子本の暦の奥、軸本まで目を通しており、それが祖父師実の仰せであったと言い摂関家の恒例行事であった。

また『玉葉』文治元年（一一八五）十二月十七日条に、「今日在宣新暦を持ち来る」とあり、賀茂在宣が九条兼実のもとに新暦を持参している。その後の摂関家の例を付すと、関白九条忠基の『後己心院殿御記』[20]永徳三年（一三八三）十二月二十七日条にも定春朝臣（賀茂氏か）が新暦を進上している。

十一世紀中葉の藤原明衡の『雲州消息』（『群書類従』文筆部）下末、「太山府君の御祭を行はるべき事」で、式部丞橘が暦博士に宛てて「新暦早々に進上せらるべき也」と書状に認めいている。書簡例だが家司等が主家で用いる暦の進上を暦博士の賀茂氏に促すものであろう。

### (3)　家政機関で書写

摂関家等の家政機関でも暦の書写が行われたようで、承徳元年（一〇九七）頃のものと推定される九条家本『九条殿記』紙背「主計頭賀茂道言書状[21]」には、賀茂道言から十二月二十四日付で「召す所の暦本、殿の文殿に召し籠め〔籠〕、今に及□と雖も返し給はず。尋ね御□□べし」と訴えられている。これは年末もせまり、摂関家の文殿で書写のために留め置かれていた暦本の早急な返却を求めたものであろう。

これらの例によって、平安中期には従来の太政官に代わって暦家自身が直接暦を供給する体制に移行していたことがわかる。とはいえ、暦家が直接供給する範囲は摂関家をはじめ一部の上層貴族層に限られていたと考えられ、そのほかは陰陽師が書写したりし、その複本が流布することによって、社会全般に暦が利用されることになったのである。

### 鎌倉時代以降の例

鎌倉時代以降でも、例はそれほど多くないものの暦家のみならず多様な経路で暦が供給される姿が知られる。葉室定嗣はその日記『葉黄記』宝治元年（一二四七）四月一日条の肩に、

今月の記は数月を経てこれを記す。且つ此の暦、在盛朝臣遅送の故也。

と記している。暦家賀茂在盛から暦の供給が遅れたため四月からすぐに日記を書くことができなかったという。その暦が四月ではじまるということは、彼が日記を記した具注暦が春夏秋冬別の四巻仕立であったことを窺わせる。

またこれよりさき、『民経記』貞永元年（一二三二）三月記のつぎの紙背文書も注目される。

行闕の御暦これを進めしめ候、殊に加点候也。自今以後は年貢となすべく候也。恐惶謹言。

十二月廿二日　　　　権漏刻博士泰俊

勘解由小路殿

これは記主の藤原経光に毎年「行闕御暦」、間明き暦に加点したものを進上することを約した、前年寛喜三年十二月二十二日の権漏刻博士安倍泰俊の書状とみられている[22]。ここでは、十一世紀以降暦家賀茂氏と対抗して陰陽道の二大勢力となった天文家の安倍氏からも貴族に暦が献じられていることが注目される。但し、この時代、安倍氏は独自に暦計算を行っておらず、賀茂氏の暦を書写し、加点するという経光にとり何らかの利点を付して献じている。

局務家中原師守の『師守記』暦応二年（一三三九）十一月十一日条には「今日陰陽大允新暦を進上す、幸甚々々」、貞治五年（一三六六）十一月七日条に「今日陰陽大属久盛（惟宗）新暦を進む」とあり、陰陽寮官人から新暦が進められている。貞治元年（一三六二）十一月三十日条に「今日陰陽師久盛新暦を進む、年中行本（事カ）付せらるべき也」とみえるように、新暦進上分には中原氏が職務とした年中行事の書写を依頼するものも含まれていたようである[23]。

永和三年（一三七七）の『洞院公定日記』の紙背が『革命勘類』書写の料紙に用いられた際、それに継ぎ足された料紙の紙背文書につぎの文言がある[24]。

御こよミの事たのミまいらせ候、夕かた御あしをかならすまいらせ候、御さた候てめてたく候へく

候、又御いのりの事はまことにいか程も御さた候へきにてとしのうちにこれより（後欠）

暦のことといい、御祈祷のことといい、賀茂氏あるいは安倍氏の陰陽師に充てられた文書であることは確かであろうが、暦の注文にさいして代価を支払うことを約している。

三宝院満済の『満済准后日記』永享六年（一四三四）十二月二十三日条には賀茂在方が新暦を持参し、万里小路時房の『建内記』嘉吉元年（一四四一）十二月十七日、文安四年（一四四七）十二月十三日条には、勘解由小路（賀茂）在貞から和漢、すなわち仮名暦と具注暦、および八卦を送られている。

伏見宮貞成親王の『看聞日記』では、応永二十五年（一四一八）十二月二十日条に「在弘卿新暦・八卦等これを献ず」、同月二十八日条に「泰継朝臣新暦・八卦等これを献ず」、同月晦日条に「陰陽師有清、泰家の子息。新暦・八卦等初めてこれを献ず」とあるように、同年中に暦家賀茂在弘だけでなく安倍泰継・有清の二人から新暦と八卦が献じられている。そのほか吉田兼見の『兼見卿記』元亀三年（一五七二）正月三日条には「新暦を書す、万里少路これを借す、今夜深更に及び了る」、同四日条には「新暦出来す、返し遣し了る」とあり、万里小路惟房から新暦を借用し、早速深夜にまで及んで書写している。

このように貴族社会への暦の供給経路としては、暦家賀茂氏から直接供給されるもの、他の陰陽師、陰陽寮官人、鎌倉時代にはことに安倍氏から暦の進献を受けるもの、暦家から暦本の貸与を受け書写する場合、さらに所有者から借りて転写するなど、様々なルートがあったことが知られる。暦家賀茂氏は陰陽師でもあり安倍氏とともに陰陽道の祭祀や祓を通して貴族の家と特定の関係を築くことが多かったから、そのような関係で暦を進めることもあったと推測されるが、御暦奏の対象である天皇を除いても摂関家や精華家などの政治的地位の高いものを中心としていたと考えられる。

## 暦道賀茂氏の成立と宿曜道―暦跋の署名者

平安時代中期以降に、一族で暦博士を独占して暦を造り発行する家となったのが賀茂氏であった。賀茂氏は古くは大和国葛城の賀茂神社を奉斎した氏族で大国主命の後裔といい、奈良時代の初めに播磨守や按察使に任じた吉備麻呂を曩祖とする。後に吉備麻呂を右大臣吉備真備のこととして真備を賀茂氏の祖と称するが、これは付会の説である。

賀茂氏が陰陽寮の官僚となったのは『今昔物語集』にも見える著名な陰陽師忠行の代からで、ついでその子保憲は、暦博士、陰陽頭さらに天文博士に任じて「三道博士[25]」と称された。保憲の暦道に関する事績として重要なものに、新暦法請来の企てがあった。十世紀の初頭以降暦博士の間でたびたび日食の予報や暦日推算の食い違いが起き、天暦四年（九五〇）十月には、保憲と権暦博士大春日益満との間で翌年五月朔日の干支が異なったため、内裏の陣に召還されその相違を問われていた。

そこで保憲は、天暦七年に比叡山の僧日延が中国の天台山に経典を送る使命をおびて渡海するに際し、新たな暦法の請来を日延に委嘱した。これによって日延は天徳元年（九五七）に江南の呉越国から符天暦を持ち帰った。ただ符天暦は中国では民間で広く行われていたものの正式な官暦ではなく、そのため符天暦による改暦は行われず、暦家による利用は一部にとどまったようである。むしろ符天暦は日延の系譜を引く宿曜師が奉じて一時暦家と共同で造暦に加わり、その後はもっぱら宿曜道の占星術の典拠となった(26)。

保憲の後は、その子息光栄が暦博士、次いで孫行義が権暦博士に任じ、賀茂氏はしだいに暦家としての地位を固めていった。それは次のことからも知られる。正暦五年（九九四）に賀茂行義が没し、その後しばらくして暦博士大春日栄種も没したようで、造暦担当者は造暦宣旨を蒙っていた行義の父光栄一人となった。そこで長保二年（一〇〇〇）七月九日、一条天皇は光栄の弟の光国を博士とするよう光栄に命じたが、彼は「当道の事、光栄子息を以て習ひ継がしむべし」（『権記』）と答えて勅命を拒んでいる。ところが九月になって暦道すなわち光栄から、暦博士が欠員のため御暦の暦本を造進できないと、陰陽頭惟宗正邦に申し述べてきたといい、御暦奏の期日も迫っていたために、急遽暦博士任命の除目が行われることになった（『権記』九月二十六日条）。このとき誰が任命されたか記録はのこらないが、三年後には行義の弟暦博士守道と権暦博士大中臣義昌の存在が知られるから、このとき補任されたものと思われる。暦本造進の遅延は、子息守道の暦博士就任をすみやかに実現しようとする光栄の意図的行為と推測できるが、このように光栄が天皇の命に反して子息の任官を遂げたことは注目すべきことである。

暦道において光栄がこのような力をもった背景には、次の要因が考えられる。第一に、先にも述べたように当時頒暦制度は崩壊し、従来国家が行っていた暦の社会的供給はもっぱら暦家に委任され、それにともなって暦家の社会的地位も向上したこと。第二に、暦道内における賀茂氏の優位が挙げられる。光栄は当時二十数年間にわたって暦道を実質的に統括する上腸であったこと、また先述のように符天暦を奉ずる宿曜師も造暦に関与したが、その相手は光栄と宿曜師仁宗であったといい、その後も守道と仁統、道平（守道の子）と証昭と一貫して賀茂氏と宿曜師のペアであり、この間在任した他の暦博士は含まれていなかった。おそらく光栄の頃から他の暦博士は造暦に関われず、名目的な存在にすぎなかったのであろう。

**〈暦跋署名者の変遷〉**　―暦奏は各前年の十一月一日

寛和三年（九八七）暦（九条家本『延喜式』）　従五位下陰陽博士大春日朝臣栄業
従五位上行暦博士兼備中介賀茂朝臣光□〔栄カ〕

長徳四年（九九八）暦（『御堂関白記』）　正六位上行暦博士大春日朝臣栄種
正五位下行大炊権頭兼兼播磨権介賀茂朝臣光栄

長保六年（寛弘元年・一〇〇四）暦（同）　正六位上行権暦博士中臣朝臣義昌
正六位上行暦博士賀茂朝臣守道

承暦三年（一〇八〇）暦（『水左記』）　従五位下行陰陽博士兼周防介賀茂朝臣成平
従五位上行陰陽助兼主計権助権暦博士賀茂朝臣道栄

正五位下陰陽頭兼主計助暦博士賀茂朝臣道言

文治五年（一一八九）暦（『仲資王記』）

従五位上行権暦博士賀茂朝臣定平

従四位下行縫殿頭兼暦博士讃岐権助賀茂朝臣宣平

従四位上行図書頭兼陰陽権博士賀茂朝臣在宣

従四位上行雅楽頭兼陰陽助尾張権介賀茂朝臣済憲

正四位下行陰陽頭兼紀伊権助賀茂朝臣宣憲

元亨二年（一三二二）暦（『花園院宸記』）

従五位上行権暦博士賀茂朝臣在永

散位従五位上賀茂朝臣在仲

散位従五位上賀茂朝臣在名

散位従五位上賀茂朝臣在茂

散位従五位上賀茂朝臣在阿

散位従五位上賀茂朝臣在朝

散位従五位上賀茂朝臣在種

従四位下行権暦博士賀茂朝臣清平

散位従四位下賀茂朝臣在峰

従四位下行暦博士賀茂朝臣在実

このようにして賀茂氏による暦道世襲化は開始され、十一世紀の中頃には、他氏が暦博士に任じられることも絶えて、『今昔物語集』巻二十四第十五に「暦を作る事も此流を離ては敢て知る人无し」というように、以後暦道は完全に賀茂氏の家業となる。その繁栄に伴い暦博士以外に造暦の宣旨を蒙って暦跋に署名を加えるものは増加し、南北朝期には最大で十名の署名をみるに至っており、一族全体で暦道を家業として伝えていたことがわかる。(27)

学術の世襲・家業化の傾向は暦道だけでなく、天文道の安倍氏、医道の丹波・和気氏、明経道の中原・清原氏、紀伝道の菅原・大江氏、算道の小槻氏等も、この十一世紀前後に相次いで成立する。これらの諸家は、実務官僚として、あるいは専門とする学術をもって、朝廷や貴族社会に奉仕した。しかし、これによって学問自体は閉鎖的になり、家説を墨守することが学者の務めとなって、学問の活発な展開は阻害された。本来暦道は、現実の太陽・月の運行との整合を使命とする、最も進取性を必要とする分野であったが、家業化の進行と共に訓詁学的な他の諸道と同質化し、宣明暦が彼らの古典となり、その進取性は忘れ去られ、暦家は朝廷の暦博士家としての権威に依存する存在となった。これ以後江戸時代の貞享改暦にいたるまで宣明暦が用いられ続けたのも、このような学術をめぐる状況に主要な原因が求められるであろう。

賀茂氏略系図

（主に医陰系図に拠り作成）

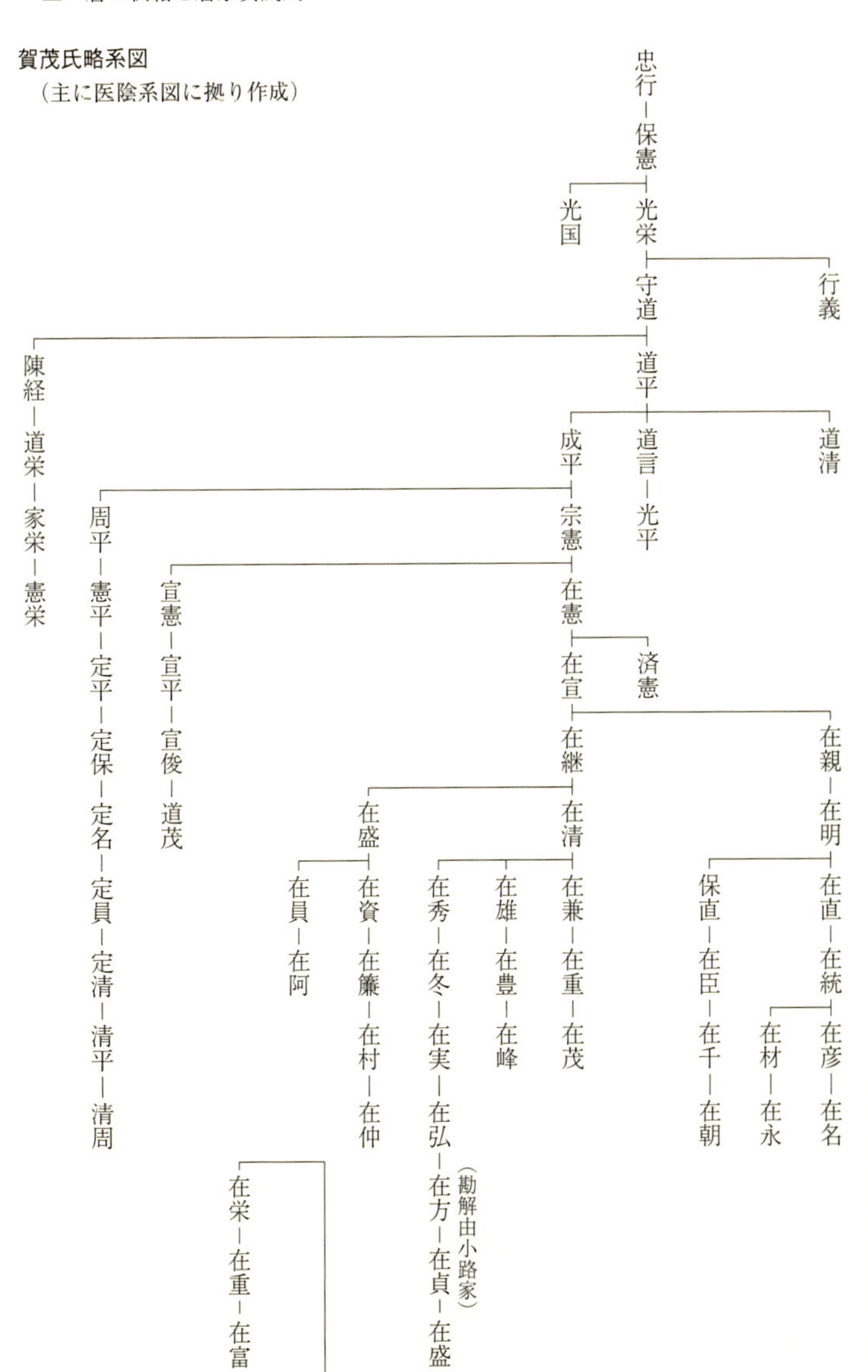

## 造暦宣旨と『大唐陰陽書』の所伝

『大唐陰陽書』は、前述したように宣明暦による具注暦を作成するさいに暦注記載の典拠となったとみられる書であり、それらの写本の奥書には平安時代の暦博士大春日真野麻呂や賀茂保憲たちが所持していたことを記し、暦家の間で重用されていた書であったが、そこに宿曜師のこととみえるので先の引用で省略した部分を含め改めてとりあげよう。

「大唐陽陰暦書巻第卌三」奥書

此の書両巻は、陰陽頭兼暦博士従五位下賀茂保憲朝臣本を以て写し伝ふる也。奥注に云はく、春家本の上下両巻を以て比校すること既に畢んぬ。彼の本の奥注に、嘉祥元年歳次戊辰七月朔戊午五日壬戌、従六位上暦博士大春日朝臣真野麻呂、といへり。然れば則ち数家の説符合、累代の本謬たず。若し他本と合はせ錯あらば、他の誤りを知るべしと云々。

——以上をⒶとする

合せてまた件の本に両本有り、なお両本を正さんがため、比校し書し了る。但し件の本、一は暦儒家の仁宗・統〔仁脱〕・増命五所〔師〕家本也。今一本は醍醐寺増〔僧カ〕本なり、専ら錯り有るべからざるのも也。

——以上をⒷとする

これによると、Ⓐでこの書の両巻は陰陽頭兼暦博士賀茂保憲本の写本であり、保憲本の奥注には嘉祥元年（八四八）七月五日に従六位上暦博士大春日真野麻呂が書写した「春家本上下巻」と対校したことが記されていたという。既述のように大春日真野麻呂は天安元年（八五七）に五紀暦による改暦を、貞観三年（八六一）には宣明暦による改暦を上申した九世紀の代表的暦家である。

賀茂保憲は天慶四年（九四一）七月暦生の身で造暦の宣旨を蒙り、暦博士大春日益満と共に暦を造進すべき命を受けている。ついで暦博士・陰陽頭・天文博士等に任じ、暦・天文・陰陽道で名を残した人物であった。保憲が暦道を子息の光栄に、天文道を弟子の安倍晴明に伝え、以後賀茂・安倍両氏が天文・暦道を分掌するようになったということは、『帝王編年記』や『職原鈔』にみえ、知られている。実際に賀茂氏が暦博士や造暦宣旨を独占して暦道の世襲化を完成するのは十一世紀中葉以降であるが、保憲のあと、光栄やその子行義・守道が相次いで暦博士に任じ、保憲は暦家賀茂氏の基礎を築いた人物であった。奥書に「数家の説符合、累代の本謬たず」とあるのは、このように平安時代を代表する大春日真野麻呂・賀茂保憲本の流れを汲むという点にあるのであろう。

さらにⒷによると、暦儒家仁宗・仁統・増命五師家本と醍醐寺本の二本と校合したという。醍醐寺本は不明であるが、仁宗・仁統・増命は、『二中歴』十三、一能歴、「宿耀師」の項に、

仁宗五師　仁統五師　（中略）　増命仁統姪子

とあり、何れも宿曜師と称される僧侶であった。宿曜師は符天暦をもって暦算を行い、また個人の誕生時刻における九曜（惑星）の位置を算出してホロスコープ占星術を行うとともに、星厄を払う星供を行

う技能僧であり、この三人は興福寺の僧であった。またその尻付けにみえる五師とは、南都の諸大寺で別当の下に置かれた役僧である。さらに注目されるのは、仁宗と仁統は造暦の宣旨を蒙っていたことである。『小右記』長和四年（一〇一五）七月八日条には、

　暦博士守道は仁統法師と相具に暦を作進すべきの由を申請す。これ故仁宗法師の例。（仁宗と父光栄と相倶に作進の例也。）

とあり、暦博士賀茂守道が宿曜師仁統と共に造暦を行うことを申請したさい、父の賀茂光栄と宿曜師仁宗が共同で造暦を行った例をあげている。仁宗が宣旨を蒙ったのは長徳元年（九九五）のことで、この仁宗・仁統についで仁統の弟子証昭が宣旨を蒙り、暦博士賀茂道平と共同で造暦を行い、長暦二年（一〇三八）その協調関係は破綻して宿曜師の造暦宣旨は絶えるが、『春記』同年十一月二十七日条には関白頼通の言葉として「証照〔昭〕に至りては造暦の宣旨を蒙ると雖も、僧によって署名を加へず。年来道平と相共に作進するところ也」とあり、宿曜師は造暦宣旨は蒙るが僧侶であったから暦跋に署名することはなかったという。そのことは長徳元年から長暦二年までの四二年間の具注暦は、暦家賀茂氏と宿曜師仁宗・仁宗・証昭等の共同作業の産物であり、『御堂関白記』自筆本の暦もその期間に含まれていた。

　その後も院政期から南北朝期にかけて宿曜師は多数輩出され、暦家との間でしばしば日・月食の予報や暦日の推算に関して論争を行っている。仁統の甥増命は宣旨を蒙るに至らなかったが、『大唐陰陽書』の写本の一つは仁宗から仁統、増命へと伝えられたのであろう。

このように奥書Ⓐ Ⓑは、この両巻が大春日真野麻呂書写の春家本と対校した賀茂保憲本の写しで、また宿曜師仁宗等の伝本と醍醐寺本とも校合したものともあり、ともに造暦と深く関わった諸家に伝わっていたこと、『大唐陰陽書』が造暦業務と不可分な書であることを認識させる。なお、この奥書を記した写本自体の成立は平安時代末頃のことと考えられる。

# 第三章　貴族社会と具注暦

前章までに中国における具注暦の成立と日本における受容、陰陽道の形成と並んで暦注の増補がなされ日本的な具注暦が成立したこと、そして暦家賀茂氏による造暦と貴族への供給が行われ、書写やさらなる転写などにより具注暦が貴族社会に伝わる様相をみてきた。つぎに本章では、貴族たちの日常生活で具注暦に記される日時や方角に関する吉凶禁忌の説が社会やその文化にいかなる影響を与えたかその具体相をうかがうとともに、平安京都市民の方角神信仰や文学作品にみえる暦の関わりなども検討したいと思う。

## 一　貴族の生活と具注暦

### 『九条右丞相遺誡』と具注暦

藤原（九条）師輔（九〇八―九六〇）が著した『九条右丞相遺誡』[1]（『九条殿遺誡』）は、公卿としての日課や信仰・心得を子孫に訓戒したもので、上層貴族の日常生活上の規範を知ることができる興味深い資料だが、その冒頭には起床後の日課についてつぎのように記している。

まず起きて属星の名字を称すること七遍（微音、その七星は貪狼は子の年、巨門は丑亥の年、禄存は寅戌の年、文曲は卯酉の年、簾貞は辰申の年、武曲は巳未の年、破軍は午の年なり。）

次に鏡を取りて面を見、暦を見て日の吉凶を知る。

次に楊枝を取りて西に向かひ手を洗へ。

次に仏名を誦して、尋常に尊重するところの神社を念ずべし。

次に昨日のことを記せ（事多きときは日々の中に記すべし。）

次に粥を服す。

次に頭を梳り（三ヶ日に一度梳るべし。日々梳らず。）次に手足の甲（つめ）を除け（丑の日に手の甲を除き、寅の日に足の甲を除く。）

次に日を択びて沐浴せよ（五ヶ日に一度なり。）沐浴の吉凶（黄帝伝に曰く、凡そ月ごとの一日に沐浴すれば短命なり。八日に沐浴すれば命長し。十一日は目明らかなり。十八日は盗賊に逢ふ。午の日は愛敬を失ふ。亥の日は恥を見る云々といへり。悪しき日には浴むべからず。その悪しき日は寅・辰・午・戌・下食の日等なり。）


このように起床後に、北斗七星の中の生まれ年の十二支によって配当される本命属星の名号を唱え、鏡で自分の様子を確認したのち具注暦を見て当日の吉凶を知るとする。口をすすぎ手を洗い、神仏を念誦したあと、（暦に）日記をつける。食事のあと身の回りのこと、爪を切る日や沐浴する日の吉凶におよぶが、手足の爪を切る日は具注暦中段の暦注に、丑の日毎に「除手甲」、寅の日毎に「除足甲」とある。「沐浴」も毎月申・酉・亥・子の日ごとに注記されており、彼らの生活が暦を見ることから始まっていたことがわかる。

さらに、後段でもう一度具注暦に関わる日頃の心得を、つぎのように述べている。

夙に興きて鏡を照らし、先ず形躰の変を窺へ。次に暦書をみて、日の吉凶を知るべし。
年中行事はほぼ件の暦に注付し、毎日これを視るついでに先ずその事を知り、兼て以て用意せよ。
又昨日の公事、若し私に止むを得ざること等は、忽忘に備へんがため、又聊か件の暦に注付すべし。
但しその中の枢要の公事、及び君父の所在のこと等は、別に以ってこれを記し後鑑に備ふべし。

朝起きて鏡を見て自分の様子に変わりがないことを確認して、つぎに暦書―具注暦を見て⑴日の吉凶を知ること、⑵年中行事をその暦に注記しておいて毎日見て事前にその用意を怠らないこと、⑶前日の公事で必要なことは忘れないため暦に日記を記すこと、さらに重要な公事や君父の動静は別記にしてのちの参照に備えるべきである、と具体的に具注暦の用法におよんでおり、貴族の暮らしと具注暦が不可分に関わっていたことを示している。

師輔は右大臣でおわるが、その娘の村上天皇の中宮安子が冷泉・円融天皇を生んだことから子息の兼通・兼家や孫の道長などが関白・摂政を相承し、摂関家の祖となったことは知られている。朝廷恒例の行事・次第をまとめた有職書『九条年中行事』を著し、九条家流有職故実の基礎を固めたともいう。日記に『九暦』があり、また『九条殿記』はその別記とされ、年中行事ごとに詳しい記事がのこされている。別記は日記を補完する関係にあった。

朝廷の年中行事でも式日が固定しているもの以外の日取りや、貴族の家の婚姻・転居とかの諸儀礼は陰陽師に日時勘文を提出させてから行うことが例であったが、陰陽師も暦注を主要な判断材料としていた。よって日付を確認するだけでなく、日ごろから具注暦をみて日の吉凶を知ること、⑴は、貴族たちにとり不可欠な行為であった。

また⑵の暦に日記を書くことも多くの貴族が行い、ゆえに彼らは自分の日記を「暦記」「自暦記」と称し、その後子孫たちは邸宅や官職・諡号を冠してたとえば貞信公藤原忠平の暦記を『貞信公記』、九条師輔の暦記を『九暦』と呼んだ。これらの日記は原本は伝わらないが、自筆原本を遺す暦記で平安・鎌倉時代の主なものを挙げれば、道長の『御堂関白記』一四巻（陽明文庫蔵）、左大臣源俊房の『水左記』康平七年上巻から永保四年上巻の七巻（宮内庁書陵部・尊経閣文庫等蔵）、参議藤原為房の『大御記』（『為房卿記』）承暦五年下巻（京都大学総合博物館蔵）、守覚法親王の『北院御室日次記』治承四年暦断簡（仁和寺蔵）、近衛家実の『猪隈関白記』建久十年暦夏から寛喜四年暦断簡（陽明文庫蔵）、近衛基平の『深心院関白記』文応二年から文永五年暦（陽明文庫蔵）、西園寺公衡の『管見記（公衡公記）』弘安十一年正・二・三月暦断簡（宮内庁書陵部蔵）などが今に伝えられている。

現存する具注暦には上段欄外に多く⑵の年中行事が記されており、それは暦使用者にとり予定表としての役割をもっていた。そこでまずはじめに具注暦に年中行事その他の予定を記すこと、すなわち暦のスケジュール機能をみて行こう。⑴の日の吉凶の選択は次節で、⑶の暦記の詳細は第四章で述べることとする。

『御堂関白記』自筆本の家司書き

師輔の孫の道長は半年一巻の具注暦に日記『御堂関白記』を記している。当初は三六巻あったようであるが、現在は子孫近衛家の陽明文庫に原本一四巻を伝えており平安時代屈指の文化財として知られている。先にも触れたように『御堂関白記』は暦日のほかに二行の空行（間明きという）をもつ。最初の長徳四年暦下巻では間明きの一行目に朱書の暦注を記し、第二行目に年中行事が書かれているが、寛弘二年暦上巻以下で年中行事は日付の上段欄外に移っている。自筆本のほかに平安時代後期の古写本、抄録本の『御堂御記抄』、近世の新写本などもあり、それらにより失われた暦記原文の内容を知ることができる。ただやはり写本は日記の本文を伝えることが使命であり、自筆本を見てはじめて道長をめぐる日常の情報などを知ることとも多い。ここでは年中行事とともに具注暦上部にみえる物忌などに関する書き込みを検討してみよう。

道長は長徳元年五月十一日に内覧宣旨を蒙っている。『御堂御記抄』の当日条に「宣旨」とあり、はじめは備忘録程度から日記を書き始めたようだが、その後は続かなかった。長徳四年七月に再開した様子だが、わずかに記載は四条。翌年に娘の彰子の入内があり記事も徐々に増えるが、長保二年後半からまた三年余りは写本も残らないから日記も途絶えていたようである。彼の性格とともに、病がちであったこともその理由であろうか。

寛弘元年正月の子息頼通の昇殿、二月の春日祭使奉仕などを機にまた日記を書き始め、そのごは道長が出家する寛仁三年の三月まで続いた。寛仁四年具注暦の自筆本が残るが、念仏に関する記事が五日間あるのみである。また陽明文庫には翌寛仁五年のものとされる九月三十日から十月十三日に至る具注暦断簡があり、白鶴美術館の『白鶴帖』と呼ぶ古筆手鑑にそれと関わる同年の具注暦暦序が貼られている。(2)

表14 『御堂関白記』自筆本の家司書き

| 年（西暦）・巻別 | 道長の年齢 | 記載日数 | 年中行事 | 家司書き（件数） | 備考 |
|---|---|---|---|---|---|
| 長徳四（九九八）・下 | 33 | 4 | 有 | 「御物忌」49 | 巻末に翌年の物忌日記載 |
| 長保元（九九九）・下 | 34 | 51 | | | |
| 長保二（一〇〇〇）・上 | 35 | 83 | | | |
| 寛弘元（一〇〇四）・上 | 39 | 147 | | 「御物忌」35、「慎」4 | 頭書物忌2件（自筆） |
| 寛弘二（一〇〇五）・上 | 40 | 130 | 有 | 「物忌」6、「御物忌」18 | 家司書き2種あり、各別筆か。頭書物忌1件（自筆） |
| 寛弘四（一〇〇七）・下 | 42 | 69 | 有 | 「物忌」12 | 頭書物忌1件（自筆） |
| 寛弘五（一〇〇八）・下 | 43 | 38 | 有 | | |
| 寛弘六（一〇〇九）・下 | 44 | 126 | | | 頭書物忌10件（自筆） |
| 寛弘七（一〇一〇）・上 | 45 | 102 | 有 | | |
| 寛弘八（一〇一一）・上 | 46 | 123 | 有 | 「不可御出」4、「不宜南行」2 | 八卦忌（陰陽師の勘文によるか） |
| 長和元（一〇一二）・上 | 47 | 120 | | 「忌西南」5、「忌西行」3、「忌」3 | 八卦忌（陰陽師の勘文によるか） |
| 寛仁二（一〇一八）・上 | 53 | 144 | 有 | | |
| 寛仁三（一〇一九）・下 | 54 | 10 | 有 | | |
| 寛仁四（一〇二〇）・上 | 55 | 3 | 有 | | |

道長が一字でも記していればこれも『御堂関白記』となったであろうが、道長の手沢本とはいえようか。なお長和三年の日記は全く伝わらないが、道長が原本を破却したためではないかとされてる[3]。

そのような状況の下で原本具注暦を見ていくと、いくつか興味深いことが浮かび上がる。表14は原本具注暦の上段及び欄外に道長の筆とは別の、おそらく家司等が記した年中行事や物忌記事の有無をあげたものである。

最初の長徳四年暦下巻で道長は、七月に四日間のわずかな日記を記すのみだが、間明きの二行目に七月四日の広瀬・龍田祭にはじまり、八月一日の釈奠、九月九日の重陽宴、十月十日の興福寺維摩会始、十一月一日の内膳司供忌火御飯、中務省奏御暦などから十二月二十九日の祓・追儺まで多数の年中行事が記されている。しかし七月にはいくつかの年中行事の擦り消しの跡が見られる。これは八月一日の行事である釈奠やその後の駒牽など一二の行事をひと月間違えて書き入れてしまったからで、これを擦り消して七月の行事を書き直している。具注暦下巻は七月からはじまる。それを八月の行事から書き始めてしまったというのは家司の大きなミスであった。

これらの行事記事は、「年中行事はほぼ件の暦に注付し、毎日これを視るついでに先ずその事を知り、兼て以て用意せよ」と述べた師輔自身が、『九条年中行事』（『群書類従』公事部）を子孫に遺しており、『御堂関白記』の年中行事書きも主にそれによったものと思われる。

物忌の書き付け

年中行事だけでなく、日付の上段欄外にはこれも道長とは別筆でつぎのような物忌に関わる注記が多数見える。

〈『御堂関白記』長徳四年具注暦下巻〉

七月二日戊午「御物忌、大原野」　三日己未「御物忌」

…………（七月八日　立秋七月節）

八月十日丙申「御物忌、興福寺御塔烏巣怪、御年不当」　十一日丁酉「御物忌」

廿日丙午「御物忌、興福寺」　廿一日丁未「御物忌」

卅日丙辰「御物忌、興福寺」　九月一日丁巳「御物忌」

…………（八月八日　白露八月節）

十二日戊辰「御物忌、大原野」　十三日己巳「御物忌」

廿二日戊寅「御物忌、大原野」　廿三日己卯「御物忌」

十月三日戊子「御物忌、大原野」　四日己丑「御物忌」

…………（九月八日　寒露九月節）

十三日戊戌「御物忌、多武岑鳴」　十四日己亥「御物忌」

…………（十月十日　立冬十月節）

廿三日戊申「御物忌、多武岑鳴、
　重物忌、左近陣烏矢、不当御年」

廿四日己丑「御物忌、丶丶〔重物忌カ〕」

十一月三日戊午「御物忌、多武岑鳴、
　重丶丶〔物忌カ〕、不中御年」

四日己未「御物忌
　丶丶〔重物忌カ〕、不中御年」

（十一月十日　大雪十一月節）

十一日丙寅「御物忌、興福寺御塔烏巣怪、御年不当、
　丶丶〔重物忌カ〕、不中御年」

十二日丁卯「御物忌、
　丶丶〔重物忌カ〕」

十三日戊辰「御物忌、多武岑鳴、卯時怪」

十四日己巳「御物忌」

十九日甲戌「御物忌、多武岑鳴、当御年」

廿日乙亥「丶丶〔御物忌〕」

廿一日丙子「御物忌、興福寺御塔烏巣怪」

廿二日丁丑「御物忌」

廿三日戊寅「御物忌、多武岑鳴」

廿四日己卯「御物忌」

廿九日甲申「御物忌、多武岑鳴、当」

卅日乙酉「丶丶〔御物忌〕」

十二月一日丙戌「御物忌、興福寺」

二日丁亥「御物忌」

三日戊子「御物忌、多武岑鳴」

四日己丑「御物忌」

九日甲午「御物忌、多武岑、当」

十日乙未「丶丶〔御物忌〕」

（十二月十一日　小寒十二月節）

十三日戊戌「御物忌、多武岑鳴」

十四日己亥「御物忌」

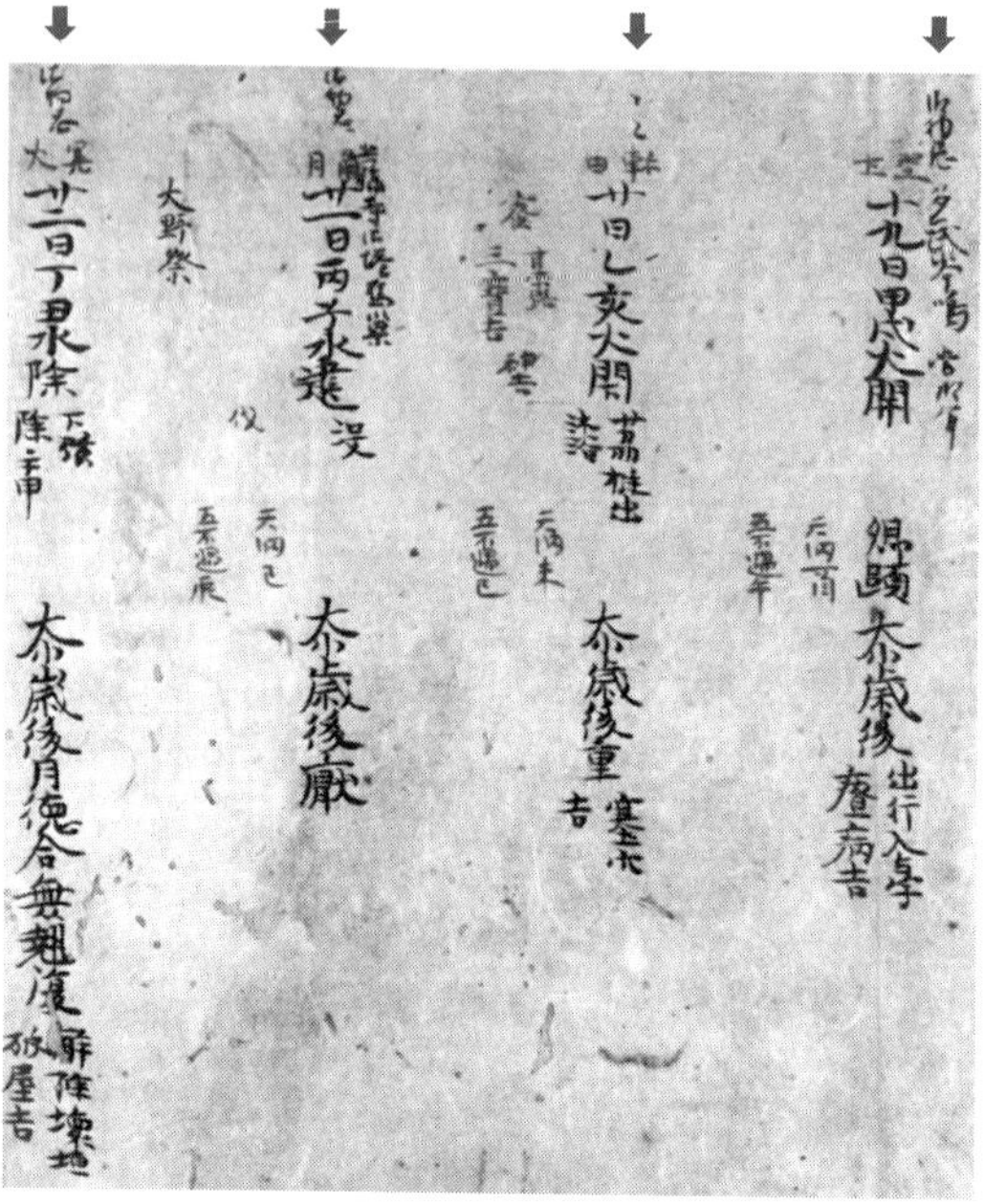

十九日甲辰「御物忌、多武、当」
廿九日甲寅「御物忌、多武、当」

廿日乙巳「丶丶〔御物忌〕」
（正月一日乙卯）

『御堂関白記』自筆本長徳４年11月条の「御物忌」注記　陽明文庫蔵

これらの「御物忌」の注記は、当日が道長の物忌日であったことを示すものである。物忌とは身近で起こる不可解な自然現象を怪異（物怪＝モッケ・もののさとし）と認識し、モノすなわち神・霊・精・鬼など目に見えない神霊的存在のサトシ―予兆や警告と考え、予め凶事を避けるために謹慎する行為をいう。具体的には怪異が発生すると陰陽師に占わせ、陰陽師は怪異が発生あるいは発見した時刻を以て六壬式で占い、その結果を記した占文に今後起こる凶事やそれを避けるために謹慎する日を示した。物忌はこの陰陽師の占文で指定された謹慎日に籠居する行為を言った。

この怪異による物忌は五行相剋説（木は土に、土は水に、水は火に、火は金に、金は木に勝つ）により、怪異が発生した（あるいは見つけた）当日の十干を剋する日の二日単位で行う。たとえば藤原鎌足の廟所の多武峯が鳴動するとこれは藤原氏の施設であるから藤原氏の怪異となり、仮に戊・己の日に起こるとそれを剋する甲・乙の二日が物忌日となる。その期間は陰陽師の怪異占文で怪異後の何日間、さらにその後の何月節と節月で指定されるが、連月でなく跳びとびのことも多いため、かなり長期間におよぶ場合があり、さらに慎むべき人の年回りが指定された(4)。

七月二日の「御物忌、大原野」とある大原野（神社）は怪異が発生した場所で、これによる物忌は戊・己日毎に七月節のあと九月節に跳び、十月三・四日（十月十日から十月節）まで二日単位、十日間隔で続いた。同様に八月十日の「御物忌、興福寺御塔烏の巣の怪、御年に当たらず」は興福寺の塔に烏が巣を作ったという怪異で、道長は年回りは当たらなかったが藤原氏の長者として物忌となるもので、物忌は丙・丁の日で八月節・十一月節と続いた。十月十三日の「御物忌、多武岑鳴る」は多武峯が鳴動した怪異でこれは道長の年回りに当たった。その十日後の十月二十三日には多武岑の物忌だけでなく、年は当たらないものの「左近陣の烏の矢」、内裏の公卿の座がある左近の陣に烏が糞を落とした怪異がかさなり、道長は重い物忌となっている。

『大鏡』巻五には、藤原氏の怪異についてつぎのように記している。

この寺(興福寺)ならびに多武峯・春日・大原野・吉田に、例にたがひあやしき事いでぬれば、御寺の僧・禰宜等など公家に奏申て、その時に藤氏の長者殿うらなはしめ給に、御つゝしみあるべきは、としのあたり給殿ばらたちの御もとに、御物忌をかきて、一の所よりくばらしめ給。

　奈良の興福寺や春日大社、都の郊外の大原野・吉田神社は藤原氏の氏寺・氏社であり、多武峯は現在の談山神社で氏祖鎌足を祀る廟所で、いずれも神聖なる場所だった。そこで「例にたがひあやしき事」つまり怪異が発生すれば、藤原氏に対してモノのサトシ・警告がなされたことになり、氏の長者は責任者としてこれに対処するため陰陽師に占わせなければならず、モノの咎があれば、占文で指定された年回りに当たる公卿たちに物忌をするように知らせ、自身も氏の責任者として物忌を行わなければならなかった。

『小右記』治安三年（一〇二三）十二月六日条には、道長の物忌注記と同様な後一条天皇の例がみえる。藤原実資は天皇の物忌を避けて官奏を行おうとして蔵人に問うと、頭中将源朝任は「九日御物忌、殿上の暦に注付す」と報じている。内裏殿上間の、おそらく暦台に具注暦が開き置かれ、『御堂関白記』と同様に蔵人らによって天皇の「御物忌」が注記されていたのであろう。

　そのような物忌の頻度について、天皇は国家の主権者で内裏の主人であるから諸司から頻繁に怪異が報告され、それにともない物忌を行うことも多かった。次に物忌を多く行ったのは、氏族関連施設を多数有する藤原氏長者だった。道長がどのくらい物忌となったか例をあげてみると、それぞれ半年間で長徳四年（九九八）は四九件・四三日、寛弘元年（一〇〇四）は四二日、長和二年（一〇一三）四四日が物忌日であった。軽い物忌の場合は外出することもあるが、これらによって道長はおよそ一年で八〇日前後の物忌を行っていたことが知られる。

日記の上部の「御物忌」は、陰陽師が怪異占を行って道長の物忌日を指定した段階で、道長の家司等が主人の予定に供するために記入したものであろう。かくして道長は長徳四年の七月から年末まで頻繁に物忌を行ったが、さらに暦の巻末には物忌注記と同筆で、

明年の正・二月・九月節中の戊・己日は御物忌。但し御年にはあたらず。左近陣の烏失〔矢カ〕の怪。正月一日・十・十一日と二月節中の甲・乙日は、多武岑鳴怪の御物忌、御年にあたる。新暦に注すべし。

と、二条の付記がある。

多武峯や左近の陣の怪異による物忌期間は翌年も続くので、忘れず次年の具注暦に記すようにとの注記である。これらも摂関家の家政を司る家司らが記した、いわゆる「家司書き」とみてよい。ただこの巻末の注記は主人道長の御暦への書き入れとしてはいささかぞんざいな筆である。そのことは道長が日記を記すことがまだ習慣化していないこととあわせて、この具注暦が日頃から家司の管理下にあることが多かったことを推測させる。八月の年中行事を誤って七月に書し、それを擦り消していたこともその

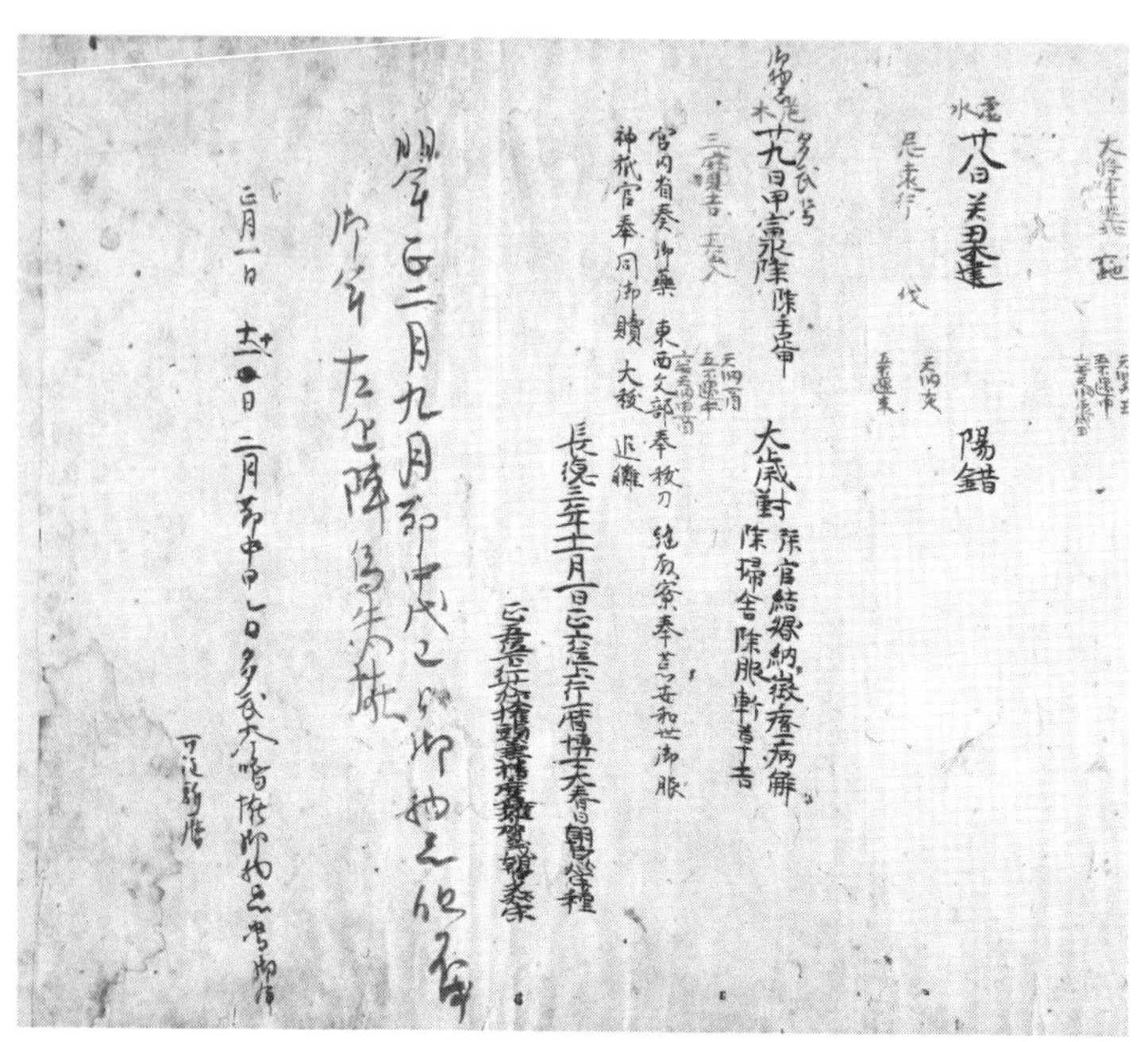

『御堂関白記』自筆本長徳４年12月巻末　陽明文庫蔵

推測を助けるであろう。

そのつぎの長保元年下巻、同二年上巻の具注暦には家司書きは見えないが、寛弘元年上巻、寛弘二年上巻、寛弘四年下巻暦の日付上段に、道長の物忌日を家司らが注記した「御物忌」「物忌」の記載がある。このように原本がのこることによって道長と日記の関係だけでなく、具注暦の管理状況なども窺うことができる。

## 八卦忌日の書き付け

物忌のほかに家司らが注記したものに、『御堂関白記』寛弘八年上巻や長和元年上巻にみえる八卦の忌方・忌日がある。八卦法は個人の年齢によって毎年凶方・吉方や忌日が変わるもので、その種類には絶命・遊年・禍害・鬼吏などの凶方や、生気・養者などの吉方、衰日・小衰などの凶日があることは前述した（表15参照）。寛弘八年上巻では日付上段に次のような記載がある（なお八卦の忌日は節月入節後の日数で決まるので、（　）内に入節日数と禁忌の種類を記し、関連する道長の日記があるときはそれを付記した）。

〈『御堂関白記』寛弘八年具注暦上巻〉

二月二十七日辛未（三月節二日・小衰）「不可有御出」

三月二十八日辛丑（四月節二日・小衰）「不可有御出」

〈日記本文〉慎しむべきこと有る日に依りて、最勝講の結願に参らず。

四月二日乙巳（四月節六日・大厄）「不宜南行」　＊三月三十日没日

〈日記本文〉雨降る。慎しむべきに依りて、外行せず。賀茂に参る雑事を定む。

六日己酉（四月節十日・小衰）「不可有御出」

二十日癸亥（四月節二十四日・大厄）「不宜南行」

〈日記本文〉物忌。（前日十九日壬戌に続く）

二十二日乙丑（四月二十六日・小衰）「不可有御出」

〈日記本文〉物忌に依り、他行せず。

表15　八卦忌方の諸禁忌

| 八卦 | | 離 ☲（南） | 坤 ☷（南西） | 兌 ☱（西） | 乾 ☰（西北） | 坎 ☵（北） | 艮 ☶（北東） | 震 ☳（東） | 巽 ☴（東南） |
|---|---|---|---|---|---|---|---|---|---|
| 年齢 | | 1 8 16 24 32 40 41 48 56 64 72 80 81 88 | 2 9 17 25 33 42 49 57 65 73 82 89 | 3 10 18 26 34 43 50 58 66 74 83 90 | 4 11 19 27 35 44 51 59 67 75 84 91 | 5 12 20 28 36 45 52 60 68 76 85 92 | 6 13 21 29 37 46 53 61 69 77 86 93 | 7 14 22 30 38 47 54 62 70 78 87 94 | 15 23 31 39 55 63 71 79 95 |
| 凶方 | 遊年 | 離 | 坤 | 兌 | 乾 | 坎 | 艮 | 震 | 巽 |
| | 禍害 | 艮 | 震 | 坎 | 巽 | 兌 | 離 | 坤 | 乾 |
| | 絶命 | 乾 | 坎 | 震 | 離 | 坤 | 巽 | 兌 | 艮 |
| | 鬼吏 | 坎 | 震 | 離 | 巽 | 坤 | 離 | 乾 | 兌 |
| 吉方 | 生気 | 震 | 艮 | 乾 | 兌 | 巽 | 坤 | 離 | 坎 |
| | 養者 | 坤 | 離 | 艮 | 坎 | 乾 | 兌 | 坎 | 離 |
| | 天医 | 兌 | 巽 | 離 | 震 | 艮 | 坎 | 乾 | 坤 |
| | 福徳 | 巽 | 兌 | 坤 | 艮 | 震 | 乾 | 坎 | 離 |
| 衰日時 | | 寅申 | 卯酉 | 子丑 | 辰戌 | 丑未 | 丑未 | 卯酉 | 辰戌 |
| 小衰 | 節月 | 1 5 閏12 | 6 12 | 7 | 5 | 1 6 7 | 3 4 9 10 | 3 10 | 4 11 |
| | 入節日 | 5 12 28 | 13 29 | 10 14 23 | 15 22 | 16 20 | 2 9 25 | 2 18 26 | 4 11 17 |
| 大厄 | 節月 | 10 | 2 7 | 1 5 11 | 2 3 4 9 | 3 10 12 | 4 12 | 2 5 8 11 | 3 6 9 |
| | 入節日 | 2 9 17 25 | 3 8 10 25 | 1 5 | 6 12 14 19 | 7 10 20 | 5 23 | 8 16 20 | 10 25 |
| | 忌方 | 北 | 北 | 東 | 南 | 西 | 南 | 西南 | 東北 |

このように八卦忌の小衰日に「御出あるべからず」、大厄日に「南行宜しからず」との注記が施されている。それぞれの忌日は入節日から数え、たとえばこの年二月二十六日が三月清明節、よって二十七日は三月節の第二日目となり四六歳であった道長の小衰日にあたった。また大厄日には南方が忌まれたが、日記本文によりそのような禁忌に対処して道長は外出を控えていたことがわかる。なお四月二日は四月節六日目であるが、表に見えるように四月節は五日目が大厄日に当たった。この一日の相違は三月三十日が日数に数えないとされた没日[5]であったからである。同様に長和元年上巻でも、小衰日に「忌」、大厄日に「忌西南」などの注記がある。

これらの注記は、天皇の「御忌勘文」と同様に道長のために陰陽師が八卦忌勘文を献じ、これをもとに家司らが忌日や忌方を書き入れたものと思われる。これら自体は道長の日記ではないが道長の予定を立てる際の参考となり、さらに日記には関連して行動を慎む記事もあり、物忌日と同様に彼の生活を知る材料となる[6]。

なお、『水左記』自筆本具注暦七巻にも、俊房の小衰日には「八卦物忌」、大厄日には「八卦物忌、不宜南行」などと家司らが日付上段に注記している。道長と同様に俊房が四六歳であった承暦四年（一〇八〇）暦下巻の家司書きを引用しよう。

〈『水左記』承暦四年具注暦下巻（書陵部柳原本）〉

閏八月十七日丙子（九月節二日・小衰）　　　　「八卦物忌」

二十四日癸未（九月節九日・小衰）「八卦物忌」
九月　十日己亥（九月節二十五日・小衰）「八卦物忌」
十七日丙午（十月節二日・小衰）「八卦物忌」
二十四日癸丑（十月節九日・小衰）「□□□□（八卦物忌）」
十月十一日巳巳（十月節二十五日・小衰）「八卦物忌」
十一月二十二日庚戌（十二月節五日・大厄）「八卦物忌、不宜南行」
十二月十日戊辰（十二月節二十三日・大厄）「八卦物忌、不宜南行」

このように『水左記』原本では、俊房の小衰日は「八卦物忌」、大厄日には「八卦物忌、不宜南行」などと家司らが日付上段に注記し、小衰日・大厄日とも八卦物忌としている。『権記』では寛弘六年五月二十五日条に大厄日を「八卦忌、不可西南行」とし、『小右記』では実資の小衰日は「小衰日」、大厄日を、「八卦慎日」「八卦厄日」「厄日」「八卦物忌」、一説の月厄を、「八卦厄日」「八卦一説大厄日」などと記している。『中右記』では堀河天皇の小衰日・大厄日ともに「八卦御物忌」と記している。十一世紀後半以降、衰日を「八卦物忌」と記す例もあるが、「八卦物忌」は小衰・大厄日を指すことが一般的であったようである。

また『後二条師通記』の古写本では、日付の下に暦注記事の付記と同様に、小衰日・大厄日をともに「御物忌、八卦、」と記しており、原本の具注暦に「家司書き」が施されていたことを窺わせている。

このように上層の貴族の間では、陰陽師の勘申によりあらかじめ家司らが暦に物忌や八卦忌日を記載しておくことがあった。それらは暦の所有者にとって日常の生活やその後の予定を立てるさいに必要なことであり、年中行事の書き込みと同様に暦のスケジュール機能を高めるものであったといえる。

つぎに八卦忌に関わり、『朝野群載』第十五から後冷泉天皇の治暦二年（一〇六六）の御忌勘文を引用しておこう。道長らのもとにも、このような勘文が献ぜられていたのである。なお、元日の行事である天皇に御薬を献ずる儀でも、陰陽寮が勘申してその年の生気・養者により童女・装束の色が選定された。その勘文も『朝野群載』にみえる。

陰陽寮

治暦二年歳次丙午の御忌

御年卅三

遊年は坤に在り。　禍害は震に在り。　絶命は坎に在り。　鬼離は震に在り。　生気は艮に在り、色は黄。　養者は離に在り、色は赤。　行年は戌に在り。

小衰六月十九日、七月六日、十二月二十五日。次の丁未年の正月十二日。　大厄二月六日、十一日。七月十日、十五日、十七日北行すべからず。　衰日は卯と酉

衰時は卯と酉。

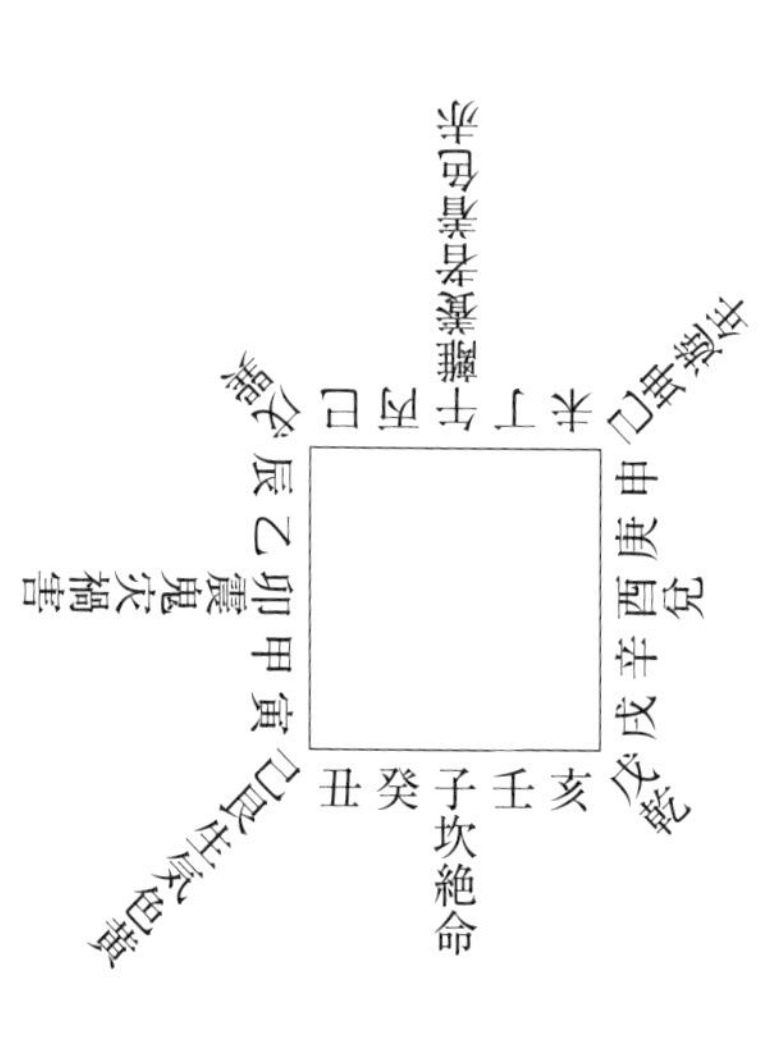


右、明年は正月三日立春正月節なり。然れば則ち彼の日より、件の御忌日を用ゐるべし。又小衰・大厄の月日数は、節気に随ふ。勘申すること件の如し。

治暦元年十二月十日

陰陽師安倍光基（中間の一一名略す）

頭兼暦博士安芸介賀茂朝臣道清

## 二　暦を開いて吉日を問う　―生活の基準としての具注暦

### 暦注の重視

具注暦に載せられる暦注には、飛鳥・奈良時代から平安時代までさまざまな変遷があった。元嘉暦施行時代の石神遺跡出土木簡には他に見ない「天李」「天間」などがあり、後世最もポピュラーな暦注の重・復日は、儀鳳暦施行時代の正倉院暦にはなく、茨城県鹿の子C遺跡出土の延暦九年（七九〇）暦に初見する。これらは文武天皇元年（六九七）の儀鳳暦、天平宝字八年（七六四）の大衍暦施行のとき暦法とともに暦注の入れ替わりがあったことを明らかにしている。

さらに十世紀の具注暦には、従来の暦注と系統を異にする宿曜・太禍・甘露・忌遠行・三宝吉日等の夥しい朱書の暦注が記載され、天間も朱書で復活している。朱書の暦注は九世紀の末頃に追加されたとみられるが、元慶元年（八七七）の暦書二十七巻の追加の際に朱書暦注を含めた何らかの変更があった可能性が考えられる。

暦注は他の占術などと同様に中国から伝来した術数文化の一つであり、おそらく頒暦制度が始まる持統朝頃には陰陽寮や知識人の間で用いられ、奈良時代には暦を日常的に使用する宮廷、貴族官人などの間に影響し信奉されたと考えられる。奈良時代の代表的知識人で遣唐留学生として自ら大衍暦を将来した経験をもつ吉備真備が、その書『私教類聚』(7)の「筮占を知るべき事」で、「九坎・厭対の日、忌む所何色の行、時に土王に至りて恣に犯土せず、かくの如き事類、事ごとに知るべし」と述べ、これを専らにするべきではないが暦注の指す禁忌は知るべきであるとしており、彼のような知識人を中心として徐々に暦注禁忌が社会的な広がりをみせていったことを窺わせている。

ついで平安時代に入ると平城天皇により一切の暦注が除かれたが、嵯峨天皇の弘仁元年（八一〇）、公卿等は「暦注興りて、歴代行用す、男女の嘉会、人倫の大也。農夫の稼穡、国家の基也」（『日本後紀』弘仁元年九月乙丑条）と暦注の復活を奏上し、すぐさま認められている。また『弘仁式』には諸司から太政官に政務を報告する際、天皇の本命日と重・復日には凶事を言上してはならないと規定され、暦注はすでに朝廷政治の日取り選択の基準となり社会的影響力を増していたことがわかる。そして九世紀末頃には、先ほどの朱書暦注が暦面に加えられるようになり、政務や儀式の日時の選択から貴族の出仕・元服・新宅移徙・出行などと、社会生活上のあらゆる場面で暦注の吉凶禁忌が参照され、陰陽師による日時勘申とともに貴族たちの行動を律する基準となったのである。

朱書の暦注の付加は、中国伝来の具注暦の形式に日本的な増補を行ったものであり、日本独自の具注暦が成立したことになる。ただし暦注の内容は必ずしも固定的なものではなく、平安時代後期に社会の新たな要請により具注暦から仮名暦が生まれ、実用に沿う暦注の選択がなされると、その傾向は具注暦にもはねかえって変化がみられるようになる。その意味で暦注は日時や方角認識に関する社会の意識を映す存在でもあったといえる。

## 暦を開きて吉日を問う

そこでつぎに『御堂関白記』や『小右記』から貴族たちが暦を必要とした場面をみていこう。朝廷のさまざまな行事のみならず、彼らの行動の基準が具注暦にあったことがわかる。

『御堂関白記』寛弘四年（一〇〇七）三月十六日条では、道長は自邸の南大門の扉を修理させた。ところが「暦を見るに伏龍在門といへり。仍て奉平(県)に解除せしむ」とあり、暦を見ると当日の暦注に「伏龍在門」とあることにより、道長は陰陽師に祓を行わせ厄難を防いでいる。伏龍は朱書暦注の一つで、『暦林問答集』には『新撰陰陽書』を引いて、立春から内庭あること六〇日、清明から門内にあること一〇〇日、小暑から東垣にあること六〇日、白露から四隅にあること一〇〇日、大雪から竈内にあることと四〇日で一年を回るといい、また『群忌隆集』を引用して、人宅の神は常に伏龍に乗って行くのでこれを避けるのが吉という。暦注によって地神の伏龍や宅神の所在が門であることを知り、陰陽師を用い祓で門扉修理の罪を謝したのである。

年末になると、朝廷では諸公事の担当を決める公卿の会議が行われるが、『御堂関白記』長和元年（一〇一二）十二月八日条によると、荷前使定など予定される行事が多く、また吉日が見当たらないので、十二月十五日以後の暦を写させたとある。暦注を見比べながら公事の日次を決した様子をうかがわせる。また長和四年九月二十六日条には、中宮妍子の内裏入御の日取りを十月三日と勘申した陰陽師の安倍吉平に対して、頼通は「暦を見るに晦日より天一西に在り、如何」と暦注の天一神方の禁忌に触れると指摘し、これを受けて道長は吉平に日次を再勘申させている。

道長などに比べ、長年大納言・右大臣としてさまざまな朝廷公事に精通し、上卿を勤める機会が多かった実資も、ことある毎に具注暦を参照している。『小右記』寛弘八年（一〇一〇）八月十八日条では、大嘗会検校を勤める実資は行事所始の日取りについて、「暦を見るに忽ち行事所を始むべきの日なし。廿三日は吉日也」としている。長和二年（一〇一三）二月二十六日条では、右近衛大将を勤める実資は翌月の右近府手結（てつがい）の日時について、予行練習である荒手結の日取りは「暦を引き見るに四日が宜し」、しかし「六日に真手結を行へば衰日にあたる」から問題がある。「五日は凶会、六日は衰日、七日は坎日、八日は宜し、しかるに重日。月を改めて行はるに、最初に重復日を用ゐるは便なかるべきか。九日吉日、彼日宜かるべきか、真手結十日にこれを行ふに何事あるか。連日と雖も吉日なきにおいては謗難なかるべきか」と、暦を見ながら凶会日・衰日（実資五七歳―卯酉、丁酉）・坎日・重日と連日の凶日で今年は特別であるとし、それでも一応陰陽師に問うべきであるとしている。

また寛仁元年（一〇一七）八月十日条には、賀茂社への行幸日について行事の上卿の実資は前摂政道長と面談したところ、道長は「今日、行幸日の事を吉平に問ふ。暦を開きて日の善悪を問ふ、九月廿六日は吉日、しかるに母后の御衰日にあたる、忌避すべきか。十一月廿五日忌なし、吉也といへり。彼の日に一定か」と、今朝すでに陰陽師安倍吉平を呼んで暦を開いて日の善悪を問い、九月二十六日は吉日であるが天皇の母后藤原彰子の御衰日であるから避けるべきであり、十一月二十五日が忌なく吉日であると相談済みであると答え、これを受けて実資は行幸の日は決まったものと記している。

このように貴族たちは、公事・私事の様々な場面で具注暦を見て日時・方角の吉凶を知り、政治・行事の日程への影響と行動の制約を受けたのであり、その蓄積の上に先例故実の形成があった。これらは宮廷儀礼や貴族の日常の例であるが、地方の反乱による追討使発遣という非常時の場合でも同様であった。

### 追討使の派遣日

長元元年（一〇二八）六月に下総国で平忠常の乱が勃発し、朝廷では七月二十三日に追討使平直方を出発させることにした。ところが、その日は暦注に公損・血忌日・下弦日とある日で、右大臣実資は『小右記』七月十日条に、「公損の字は事の忌あり。また血忌日、暦序に云わく、刑戮を行うべからずといへり。又下弦の字の読み頗る劣る也」と不安を示し、儒家で大外記の清原頼隆に問うと、彼も避けるべきであると答えている。当日の具注暦を復元するとつぎのようになる。(8)

『参金』二十三日丙辰、土成（処暑七月中　下弦　鷹乃祭鳥）『不弔人』　公損　大歳後、母倉、血忌、厭（起土・入学吉）

公損は暦注中段の六十卦の一つであり、朝廷の追討使派遣には不吉である。また血忌日は確かに暦序に「その日刑戮及び針刺・出血を行ふべからず、凶」とあり、上弦・下弦日も暦序に「軽凶、またこれを用ゐるべからず」とされていた。そこで改めて二十五日に出発することにしたのだが、しかし、実際に直方が京都を立ったのは八月五日のことで、結局、彼は忠常を追討することができなかったのである。

　時代は下り、治承四年（一一八〇）八月に源頼朝が伊豆で挙兵すると、平氏政権は九月二十二日、新都福原より平維盛を将とする東国追討使を出発させ、翌日平氏軍は京都六波羅に入った。ところが危急の折にも関わらず、平氏軍がそこを発ったのは六日後の二十九日であった。それについて『山塊記』には、「伝へ聞く、上総守忠清、この都において十死一生を忌む。少将（平維盛）云はく、今においては途中の儀なり、旧都においては日次を忌むべからず。忠清云ふ、六波羅は先祖の旧宅なり、いかでか忌まれざる」とあり、十死一生日（朱書暦注の忌遠行日）の禁忌に従うか否かの論争があり、結局それによって出発がのびのびになったことが知られる。ちなみに平氏軍は十月二十日の富士川の戦いで敗走し、それ以後没落の道をたどっていくのであった。ここに日次の吉凶観念にとらわれ、貴族化していた平家の性格を見ることもできる。

　その翌年の養和元年閏二月に清盛は没し、全国的な飢饉もあり内乱は膠着状態となった。都では頼朝の東国反乱軍が侵入してくるとの風聞が流れていたが、九条兼実の日記『玉葉』養和元年十一月十二日条には、「伝へ聞く、大将軍の方を憚るに依り、年内関東の賊入洛すべからず。節分以後に左右なく入洛すべしと云々」とある。年内は大将軍神の凶方に当たるから頼朝の軍が襲来することはないが、凶方が移動する立春を迎えればすぐさま京に侵入するだろう、とのうわさを伝えている。この年の干支は辛丑、大将軍は関東から西の京方にあるが、翌年寅年には北へ移動するから禁忌はなくなるというのである。なお立春は十二月二十四日でいわゆる年内立春であり、正確にはこの日をもって北に移動することになる。

ついでに源義仲についても述べておこう。寿永二年（一一八三）七月に平氏は都落ちして、北陸から入京した義仲に後白河法皇は平氏追討の院宣を下した。その後十一月一日に源義仲・源行家らは平氏を討つため首途（かどで）しようとしたところ、後白河法皇の御衰日に当たったため、たちまち延期になった。衰日は前述のように八卦法の一つで、年齢によって配当される個人の厄日であった。その後、八日に再進発することにしたが、これも陰陽師が暦注などで吉日を選んで遅れたのであろう。義仲といえば粗暴な振る舞いにより都人の反感を買ったことで知られるが、彼も後白河院の軍勢として行動しようとすれば、王朝貴族社会の作法に従わざるを得なかったのであろう。

困難なときや危険をともなうときにこそ、人は神仏にすがり加護を願おうとするものだが、身命を賭け一時を争う戦いで、凶害を避け吉につく日時や方角に関心を持つことも同じ考えであった。古代中国に発した陰陽五行説などを基とする占術文化を術数というが、暦注はその最も身近な存在であったといえる。

### 暦注の凶日

具注暦には暦序や暦日部分に夥しい種類の暦注が見え、ときには相互の暦注で吉凶が相反することもあり、すべて遵守していてはほとんど社会生活は保てないことになる。そこで陰陽師に相談し、また暦注のなかでも重視すべきものがでてくる。ここでは古記録によくみえるいくつかの凶日を取り上げておこう。

### (1) 没日

暦序に「没・滅は、その日暦の余分、陰陽不足して、正日にあらず。故にこれを用いるべからず」とある凶日。

『小右記』寛仁四年（一〇二〇）十月二十八日条に、関白頼通は実資に内裏で御読経の後に諸寺別当の補任定を行うから参内するように命じたが、参入した公卿の数は少なかった。そこで如何すべきか相談された実資は、「今日没日、最悪日也」とし、それにより後日に改められている。先述のように没日は日数に数えない日なので方違えの期日に含めず、『兵範記』仁安二年（一一六七）四月二十三日条には、この日が御方違え行幸を行うべき四五日目に当たったが、陰陽師の賀茂在憲はこの間に没日があり、「善悪に就いては日数に入れず」として翌日を方違えの期限としている。同様に『玉葉』文治二年（一一八六）七月一日条でも、安倍季弘は「没日を除くは定例也。公家臣下を論ぜず、此の如く用い来る所なり」と述べている。

### (2) 帰忌日

暦序に「帰忌、その日遠行・帰家・移徙・呼女・娶婦すべからず。大凶」とある凶日。その日取りは表10参照。

『御堂関白記』寛弘三年（一〇〇六）十一月二十七日条では、一条天皇は翌日の除目の上卿となるよう道長に命じたが、道長は前日に内覧を辞す上表を行ったばかりで憚りがあると奏上した。なお奉仕するように仰せがあり、そこで道長は参内しようとしたが帰忌日であることに気づいた。陰陽師賀茂光栄に問うと重く忌むべしと言うのでこの由を奏上し、これにより除目の奉仕を免れたとある。

### (3)　重日・復日

暦序に「重・復、その日凶事を為すべからず。必ず重し、必ず復す、宜しく吉事に用ゐるべし」とある凶事を避ける日。重日は十二支ごとに二日、復日は十干ごとに二日あるのでひと月に十日前後が重日か復日に当たるという頻繁な忌日で、その日取りは表10参照。

すでに述べたように『弘仁式』（逸文）や『延喜式』第十一太政官の冒頭に、諸司から太政官に政務を報告する際、天皇の本命日と朔日、重日・復日には凶事を言上してはならないと規定されたが、これも暦序の禁忌を受けてのことであろう。『小右記』逸文の永観二年（九八四）七月二十七日条によると、円融天皇の譲位と懐仁親王（一条天皇）立太子の日を陰陽師の文道光と安倍晴明に勘申させ、両名は八月十六日癸亥を択んだ。しかし当日は重日で忌あるべしとして再度の勘申を命ぜられるが、二人は平城・陽成天皇の譲位が重日であり二・三の天皇の復日譲位の例もあるとした。ところが翌日には「すでに譲位十代を勘するに更に重日の例なし。陰陽家の申すところ甚だ不当なり」と批判され、改めて八月二十七日に決している。重・復日は凶事が重複し避ける日であるが、陰陽師が先例で挙げた平城・陽成天皇の例が悪かったのであろう。平城は藤原薬子の乱で嵯峨天皇の朝廷に反旗を翻した上皇であり、陽成は乱行で退位させられた天皇であった。

（4）　**坎日（九坎）**

暦序に「九坎、その日出行及び種蒔・蓋屋すべからず」とある凶日で、しばしば欠日と偏を略して記される。その日取りは表10参照。

『権記』長徳四年（九九八）十一月九日条では、新任の少納言朝典が前日に坎日に関わらず初参し、またこの日参内したことを人びとが奇異としたというように、出行や初参などを避ける日とされたが、『小右記』天元五年（九八二）正月十日条に、「今日所司具せず、位記請印せず。明日は欠日、明々に請印すべし」と、坎日に位記請印を行うべきではないとされ、また朝廷儀式の際にはこの日を避け、天皇は出御をしないことが例とされた。『紫式部日記』に寛弘六年の「正月一日、言忌もしあへず。坎日なりければ、若宮の御戴餅のこととまりぬ」とあり、坎日との理由で元日の敦成親王の戴餅のことは三日に延期されたとある。ただし、『春記』長暦三年（一〇三九）十一月二十日条に、「式日においては坎日を忌むべからず」と、年間の式日の定まっている行事についてはこれを忌まないとしている。

（5）　**晦日**

具注暦の暦序に「廿四気・朔・望・弦・晦・建・除・執・破・危・閉、右件の軽凶、またこれを用ゐるべからず。上吉と并べば、これを用いること妨げ無し。その晦日はただ除服・解除に利用するが吉」とあり、二十四節気の日や月朔、上弦日、下弦日、望日や建・除などの十二直の日とともに晦日も軽凶とされた。そのなかでも晦日は月の終り＝晦（つごもり）であったから吉事をなす際には注意されたようで、『水左記』承暦元年（一〇七七）十一月二十七日条には、稲荷並びに祇薗社行幸の日時勘申において、撰日が「伐日幷びに晦日也。行幸不快」とされ、また寛弘六年十月三十日が敦成親王誕生五十日に当りながら、『小右記』に「日宜しからず」として翌十一月一日に行われたのも晦日のゆえと考えられる。下弦は忠常の乱追討の際に出てきたが、他の二十四節気・望などはそれほど忌避された例はみられないようである。

### ⑹　忌遠行

これは朱書暦注の一つである。別に十死一生日といい、治承四年に平氏の源頼朝追討軍が平安京で長逗留した理由となったことは前述した。その日取りは表13参照。

『御堂関白記』長和五年（一〇一六）三月二十一日条に、道長は明後日、二条第へ渡るため方違えをしようとしたが、暦を見ると忌遠行とあった。そこで陰陽師の吉平に問うと、桓武天皇が遷都した日もこの日であるから忌む必要はないと答えた。それに対して道長は「遷都の後、三百年。人、なほ忌み来たる。当たらざる事なり。又、渡るべき所無し。仍りて明後日を改め、後に又、勘へしむべし」として方違えを取りやめている。

### ⑺　申の日

十二支の申の日の忌は暦注ではないが、頻繁に出てくるので取り上げておこう。

『小右記』正暦元年（九九〇）八月三十日壬申条で、三位に昇叙した実資はこの日が申の日であったとの理由で源雅信より贈られた養父実頼の袍を着けず、また慶賀を奏さないとしている。『権記』長保五年（一〇〇三）正月十九日己酉条には、「賭弓なり。昨日、式日なり。然れども、申の日に依りて出御せず。今日、此の事有るなり」とあり、申の日により式日の賭弓をこの日に移し、『小右記』寛弘五年九月十五日条壬申では、今日が申の日であるのに敦成親王五夜産養で諸卿を中宮の簾前に召すのは如何、思慮に欠けると、実資は疑問を呈している。そのほか、除目や任官後の政務着座、昇殿後の候宿など、申の日に吉事を行うことは憚られた。『小右記』長和元年六月四日庚子条では、大嘗会行事所の雑事始の日時勘文で、当日の申二点、酉二点のいずれの時刻に行うべきかとされたさい、三条天皇は「申時は俗に忌むところか、酉時吉かるべし」と仰したが、これについて実資は「但し申日は忌むも、時は忌まざるもの也」と述べている。申の日を忌む典拠は明確ではないが、「去る」との音通によるところが大きいと思われる。

### 儀式と吉日

具注暦には凶日ばかりではなく吉日もある。暦序に歳徳・月徳・天恩・天赦を上吉とし、歳位・歳前・歳対・歳後・母倉と十二直の満・平・定・成・収・開の日を次吉として用いるとするが、次吉は軽凶・凶会と重なれば用いないとされるから吉日は少ない。暦日下段には「嫁娶・納婦・移徙・出行・剃頭・解除・修井竈碓・除服・安床帳吉」のような二行にわたり小字で記され、雑注と呼ばれる吉事注が記載されているが、当日の暦注に支配されるからそれほど重視されず、中世の具注暦ではほとんど書かれなくなった。

朱書暦注のなかでは甘露、金剛峯、三宝吉は仏事に関して、神吉は神事の吉日とされるが、具注暦には概して凶日の方が多いから、とくに吉日の選定については日時方角禁忌の専門家である陰陽師に諮問し、その勘申を受けることを例とした。

人が一生のうちに経験する通過儀礼には、誕生・成人（元服、着袴）・出仕（官途）・結婚などがあるが、それぞれ陰陽師による勘申が行われ、皇子・皇女などの誕生の際には陰陽師により妊者着帯の日から御産の方角、沐浴、蔵胞衣、着衣、剃髪、御書始などの吉日を択ぶ御産雑事勘文が作成された。ただし「そもそも寅と申の日、小児の衰日及び凶会、九坎、滅・没等の日に産し当日生れなば、日時を勘文〔申〕するべからざるか」（『陰陽雑書』[9]）とされ、それらの日には陰陽師の勘文自体が作られなかった。そのご誕生から五日・五十日・百日ごとに祝宴が催されるが、これも凶会や九坎、晦日などは避けられた。同様に凶礼であるが天皇などの葬送に際しても、御葬送雑事勘文が作られている。平安中期頃から陰陽師のもとにそのような行事のさい択ばれる吉日とその先例が蓄積され、選択の指針とされた。院政期の陰陽頭賀茂家栄が撰した『陰陽雑書』からその主な吉日項目をあげると、つぎのものがある。

吉事吉日、神事吉日、三宝吉日、嫁娶吉日、産事吉日、冠帯吉日、文書吉日、着座吉日、犯土造作吉日、移徙吉日、出行吉日、造乗車吉日、裁衣吉日、財物納吉日、売買吉日、音楽吉日

たとえば元服・着袴には甲子、丙寅、丁卯、己巳、癸酉などが吉日とされ、帰忌・往亡・道虚・晦・伐日などは忌まれた。貴族・官人が初めて官に出仕したり、公卿が補任後に行う太政官庁・外記庁の座に着く着座の儀や宜陽殿の陣座に着す着陣の儀も陰陽師により吉日が選ばれた。

また受領の任国下向や朝廷の使節の派遣は出行吉日が選ばれたが、『陰陽雑書』には出行吉日として、

甲子春忌、丙寅、丁卯、己巳、辛未、甲戌、庚辰、壬午、戊子、庚寅、甲午、戊戌、庚子秋忌、壬寅、癸卯、甲辰、丙午、丁未、庚戌、甲寅、丙辰、己未

などを記している。『御堂関白記』寛弘元年（一〇〇四）二月二十二日条には、祈念穀奉幣使派遣に関する陰陽師の日時勘文に、二月二十八日あるいは二十九日とあったが、これについて実資は道長に、「来たる二十八日、奉幣あり。彼の日は受領等の下向の日也。五月に到るまで、又、日無し。同じ勘文に入る二十九日を以て立てらるは如何。案内を奏せられ、仰せに随ふべし」と、二月二十八日（壬午）は受領下向日であるから二十九日とするよう道長に申し入れている。壬午の日は受領下向の吉日とされていたのであろう。また長和二年（一〇一三）六月二十七日条にも「受領の初めて下向するは、三月丁未の日を吉日として用い来たる」とあり三月丁未の日は受領下向の吉日とされていたことがわかる。

なお受領の任国下向に際しては陰陽師が勘申を行うが、『朝野群載』巻十五陰陽寮に、天仁三年（一一一〇、天永元）の陰陽助賀茂家栄による日時勘文がある。

下向
任国に赴き向かはるべき雑事日時を択ぶ
　出門日時
　　今月廿七日甲午　時戌辰、方角
　　　件日時出行すれば、甲乙の日を以て境に入るべからず。又、諸日申酉の時を忌む。
進発日時
　七月一日戊戌　時卯辰
入境日時
　五日壬寅　時巳午
　同日壬寅　時未酉
着館日時、件の日時を以て印鎰を受領す。
初めて神宝を造る日時
　六日癸卯　時巳午
諸神に奉幣する日時
　廿一日戊午　時辰巳
　廿六日癸亥　時巳午
初めて国務を行ふ日時、この日時を以て初めて交替の雑務を行ふ。

廿二日己未　時巳午未
廿七日甲子　時巳未
初めて兵庫を開く日時
八月二日戊戌　時巳午
初めて国分寺へ参る日時
八月甲辰　時巳未
天仁三年六月七日　陰陽助賀茂家栄
鎮西勘文はこの勘文と異なる。又国に随ひて乗船日時これを勘す。又一度に進発する時、出門・進発日時と注さずして、首途日時と注す。

門出と進発日が別に設定され（文末の注記に、同一の場合は「首途」と書すとある）、国境に入る日、国府の館に着し国の印鎰を受領する日、国内一宮等の諸社奉幣日、はじめて国務を行う日など細かくスケジューリングされていたことが知られる。この勘文を作成した賀茂家栄は『陰陽雑書』の編者であるが、門出・進発・入境・着館・初参国分寺などの日の干支が同書の出行吉日の干支と重なっていることに注目しておこう。

### 日取りの故実先例化

貴族社会では朝儀典礼の面でもその行為の基準となる典拠や先例の存在が重視され、それは有職故実の名で呼ばれるが、日取りの選択でも同様で、暦注はその基準となる典拠であり、さまざまな先例が形成され故実化している。つぎにその例を挙げよう。

長和二年（一〇一三）六月二十三日、道長の子息頼通・教通の両名はそれぞれ権大納言・権中納言に昇進した。そこで吉日を択んで左近衛の陣の座に着す着陣の儀を行わなければならなかった。『御堂関白記』六月二十七日条には、その日時に関してつぎのような議論を記している。その日陰陽師の賀茂光栄は着陣の日として七月二十二日を択んだ。これに対して道長は七月三日を宜しき日であるとした。光栄はその三日は朱書暦注凶日の太禍日であると難色を示したところ、道長は「太禍日は忌むべきにあらず。二月丙午の日は、是れ着座の吉日なり。着座と初参とは同じ事なり。而るに彼を忌まずして、是の事を忌むは、奇しき事なり」と述べ、同様に太禍日の二月丙午の日が「着座吉日」とされていたことを根拠に、陰陽師の説を廃し七月三日を用いることに決している。

この二月丙午にいついて『小右記』の翌日二十八日条に、道長は実資にたいして「二月丙午太禍、しかして貞信公（藤原忠平）着座せしめ給ふ。その例を以て次々に人々は着座す。いま彼の例に依りてあへて忌ましめず」と述べており、それは摂関家の祖藤原忠平が延喜八年（九〇八）のこの日に著座を行ったのち高位に上ったからであり、以後摂関家のみならず、多くの貴族により踏襲された日であった。道長は形式的に陰陽師に諮問しながら、当初から忠平の先例によって観念的に定着していた着座吉日に関わる日を子息たちの着陣日に択ぼうと考えていたのであろう。

凶例については、具注暦に三宝吉日と朱書されながら、十二世紀末、九条兼実に家の習いとして仏事には用いないとされた庚午・辛未の日がある。その発端は、正暦三年（九九二）六月八日庚午に、源保光が松崎寺供養を行ったのち子孫が絶えたとされたこと、また寛治五年（一一〇九）十二月一七日辛未、白河上皇御願の木津の橘寺供養を検校した大納言藤原実季が、数日後頓死したこと等がいずれも不吉とされ（『富家語』二五参照）、凶事の先例として忌避されている。

院政期の賀茂家栄撰『陰陽雑書』や鎌倉前期の『陰陽博士安倍孝重勘進記』[10]には、その他さまざまな先例や禁忌事項が列記されている。それらは日次に関する有職故実書というべき性格をもっている。

## 三　暦と方角神信仰

方角神には、暦日によって移動し全ての人に関わる天一・太白・大将軍・王相神、さらには院政期から用いられることになる金神と、個人の年齢によって毎年変わる八卦の忌方の絶命・遊年・禍害・鬼吏などがある。

具注暦の暦序冒頭にその年の大歳・大将軍神や歳徳神の方位が記されているように、方角神と暦は不可分な関係にあった。その禁忌に関する初見は大同二年（八〇七）に平城天皇により弊害があるとして暦注が除かれたさい「将軍四仲に行く」とみえる大将軍であり、早くからその存在が注視されていたことがわかる。さらに九世紀末頃から朱書の暦注が加わると天一神の所在、大将軍遊行方位も注意された。

個人の年齢に関わる八卦の忌方は、藤原京跡から、三五歳の人の「宮仕良日」を占師が占った八卦忌木簡[11]が出土しており、日付などから慶雲二年（七〇五）のものと推定されている。また吉備真備の『私教類聚』「筮占を知るべき事」にも、「絶命・禍害の居、生気行年の処」と八卦忌方のことがみえる。

そのような方角神が平安時代中期に盛んにに忌まれたことは古記録や古典文学にみえるところであるが、その凶神が所在する方角への移動することを避けることが方忌であり、禁忌のない方角へ移動するなどして回避する行為が方違えである。方忌や方違えの期間と方法は方角神によってさまざまである。つぎに主要な方角神を取り上げその禁忌内容や期間、方忌・方違えの実際をみていきたい。

### 八卦の忌方

八卦法ともいい、個人の年齢によって毎年諸神が八卦八方（乾―西北、坎―北、艮―東北、震―東、巽―東南、離―南、坤―南西、兌―西）を廻り、凶方は主にその所在方位への遷移・犯土・造作などが憚られた。その種類には絶命・遊年・禍害・鬼吏など凶方や生気・養者の吉方、凶日には衰日、小衰日、また大厄の忌方があること、年末にそれらを陰陽寮・陰陽師が勘申して天皇や上層貴族に御忌勘文が出されるなどのことは前述した。とくに方角の禁忌が盛んに実践されるようになるのは九世紀中頃からで、『日本三代実録』貞観七年（八六五）八月二十一日条には、つぎの記事がある。

天皇、東宮より遷り太政官曹司庁に御す。来る十一月、まさに内裏に遷御すべきためなり。この時に当たり陰陽寮言す、天皇の御本命は庚午、この年、御絶命は乾に在り。東宮より内裏を指すに乾に当る。故にこれを避く。

前年の正月に一五歳で元服した清和天皇はこの年十一月に東宮御所から内裏へ移ることになるが、そのさい陰陽寮の奏上により八卦忌方の一つ絶命の方を避けて方違を行った。清和天皇は嘉祥三年庚午（八五〇）生まれで一六歳、東宮から移り住む内裏仁寿殿は絶命の乾（北西）の方に当たるというので、三ヶ月の間、西南の太政官曹司庁に移ったのである。

またこれより先、貞観元年四月十八日に幼い清和天皇とともに東宮にいた祖母の皇太后藤原順子は、その本宮の五条宮に還御しようとしたが、方角の忌みを避けて右大臣藤原良相の西京の三条第へ渡った。方違えの内容は不明だが、順子はこの年五一歳、東宮から五条宮は東南の禍害・鬼吏の凶方に当たったため、これを避けて西南の良相第へ渡ったものと考えられる。

『御堂関白記』寛弘八年（一〇一一）六月八日条には、一条天皇の譲位に続いて東宮師貞親王（三条天皇）の入内の日時を陰陽師が勘申したさい「十三日、東三条に渡り給ひ、来月十日、朱雀院に御し、十一日、入内し給ふべし、といへり。是れ御忌方、并びに大将軍・王相等の方忌有るに依るなり」とあり、大将軍、王相方とともに八卦の忌方を考慮して入内までに方違えを重ねるよう述べている。

また凶方だけでなく吉方の養者・生気・天医・福徳などもあり、平安中期から貴族は年初にその方角の神社仏寺に参詣しはじめ、これが恵方詣であり初詣の起源とされている。十一世紀中頃の藤原明衡撰

『雲州消息』下には、つぎの文がある。

年首に生気方を尋ね灯明を供するは例也。今年の吉方の幸ひは法輪寺に当る。貴下すでに甲子同じ。相共に参詣せらるべきか。歌仙の人々を誘引せしめ給ひ、その数は四五輩を過ぐべからず。腰折れの詠を嘲ることなかれ。定めて立腹の輩あるか。謹言。

正月　日　　　　大蔵少輔

兵庫頭殿

年頭にあたって同年齢の人に対して、生気方の寺院に灯明を献ずるのは恒例のことであり、今年の吉方は法輪寺に当たるから一緒に参詣しようと誘っている。桃裕行氏[12]はそのような例はすでに『御堂関白記』見えることを、中島和歌子氏[13]はそれらが八卦忌の吉方に当たることを指摘している。それらの記事と道長の年齢、吉方詣でを行った寺院の方角はつぎの通りである。

寛弘五年（一〇〇八）二月十三日条「雲林院慈雲堂に詣づ。燈明・諷誦を修す。是れ吉方に依るなり。」〈道長四三歳。雲林院慈雲堂は乾（北西）生気の方〉

寛弘七年（一〇一〇）閏二月一日条「吉方に依り、雲林院慈雲堂に詣づ。」〈道長四五歳。雲林院慈雲堂は乾（北西）養者の方〉

寛弘八年（一〇一一）三月八日条「雲林院慈雲堂に詣づ。御明を奉る。是れ吉方に依るなり。」〈道長四六歳。雲林院慈雲堂は乾（北西）福徳の方〉

長和四年（一〇一五）正月九日条「皇太后より出でて、雲林院に詣づ。是れ吉方なり。女方、同じく参る。」〈道長五〇歳。雲林院慈雲堂は乾（北西）生気の方〉

寛仁二年（一〇一八）正月十五日条「吉方に依りて、世尊寺に詣づ。侍従中納言、共に在り。尚侍・千子、之に同じ。」〈道長五三歳。世尊寺は兌（西）養者の方〉

道長は雲林院慈雲堂がお気に入りだったようだが、八卦の吉方のうち主に生気・養者を考慮していたようで、夫人や娘を引き連れての行楽であり今日の初詣に近いものがある。

### 天一神と太白神の方忌み

『醍醐天皇御記』延喜三年（九〇三）六月十日条で、天皇が左大臣藤原時平に神事のため内裏西隣りの中和院に移御する際の方忌みの例を問うと、時平は、「前代は、天一・太白は忌まず。貞観以来このことあり」と答えたという。天一・太白神は、貞観年間（八五九〜八七六年）から忌まれるようになったことがこの証言からわかるが、清和天皇が八卦絶命の方を避けたのも貞観七年であった。律令国家の支配が衰退し清和幼帝の摂政として藤原良房が主導権を発揮したこの時代に、日時や方角の凶害を避け体制の安穏を計ろうとする時代の意向の中で日時や方角の吉凶禁忌を説く陰陽道は醸成されたといえよう。

表16－1　干支表

| | | | | | | | | | |
|---|---|---|---|---|---|---|---|---|---|
| ①甲子 | ②乙丑 | ③丙寅 | ④丁卯 | ⑤戊辰 | ⑥己巳 | ⑦庚午 | ⑧辛未 | ⑨壬申 | ⑩癸酉 |
| ⑪甲戌 | ⑫乙亥 | ⑬丙子 | ⑭丁丑 | ⑮戊寅 | ⑯己卯 | ⑰庚辰 | ⑱辛巳 | ⑲壬午 | ⑳癸未 |
| ㉑甲申 | ㉒乙酉 | ㉓丙戌 | ㉔丁亥 | ㉕戊子 | ㉖己丑 | ㉗庚寅 | ㉘辛卯 | ㉙壬辰 | ㉚癸巳 |
| ㉛甲午 | ㉜乙未 | ㉝丙申 | ㉞丁酉 | ㉟戊戌 | ㊱己亥 | ㊲庚子 | ㊳辛丑 | ㊴壬寅 | ㊵癸卯 |
| ㊶甲辰 | ㊷乙巳 | ㊸丙午 | ㊹丁未 | ㊺戊申 | ㊻己酉 | ㊼庚戌 | ㊽辛亥 | ㊾壬子 | ㊿癸丑 |
| (51)甲寅 | (52)乙卯 | (53)丙辰 | (54)丁巳 | (55)戊午 | (56)己未 | (57)庚申 | (58)辛酉 | (59)壬戌 | (60)癸亥 |

表16－2　天一神の方位

(52)乙卯から5日間は卯（東）→(57)庚申から6日間は巽（東南）
③丙寅から5日間は午（南）→⑧辛未から6日間は坤（南西）
⑭丁丑から5日間は酉（西）→⑲壬午から6日間は乾（西北）
㉕戊子から5日間は子（北）→㉚癸巳から16日間は天上
㊻己酉から6日間は艮（北東）

天一神は「ながかみ」ともいい、表16－2のように五・六日間隔で八方や天上を移動した。『源氏物語』帚木にも「こよひなかがみ、内裏よりはふたがりて侍りけりと聞ゆ」とあるし、『蜻蛉日記』にも盛んに見えることは後述する。天一神は所在方位を移す日ごとに暦に朱書されたが、前にも引用した『御堂関白記』長和四年（一〇一五）九月二十六日条にはつぎの記事がある。

権大納言云はく、来月三日中宮参内し給ふべき由、吉平朝臣勘申す。而るに暦を見るに、晦日より天一西に在り。如何と云ふ。吉平を召してこれを問ふに陳ぶる所無し。仍りて十一月二十八日に改め勘す、といへり。

表16－3　太白神の方位

| | |
|---|---|
| 1・11・21日は東 | 6・16・26日は西北 |
| 2・12・22日は東南 | 7・17・27日は北 |
| 3・13・23日は南 | 8・18・28日は北東 |
| 4・14・24日は南西 | 9・19・29日は中央 |
| 5・15・25日は西 | 10・20・30日は天上 |

表16－4　大将軍神の方位

| | | | |
|---|---|---|---|
| 寅・卯・辰年―北 | 巳・午・未年―東 | 申・酉・戌年―南 | 亥・子・丑年―西 |

表16－5　大将軍神遊行の方位

| | | |
|---|---|---|
| ①甲子から戊辰の5日間は卯（東）に出遊 | → | ⑥己巳から乙亥は本所（その年の大将軍所在方位） |
| ⑬丙子から庚辰の5日間は午（南）に出遊 | → | ⑯辛巳から丁亥は本所 |
| ㉕戊子から壬辰の5日間は中宮（屋内）に入来 | → | ㉚癸巳から己亥は本所 |
| ㊲庚子から甲辰の5日間は酉（西）に出遊 | → | ㊷乙巳から辛亥は本所 |
| ㊾壬子から丙辰の5日間は子（北）に出遊 | → | (54)丁巳から癸亥は本所 |

表16－6　王相神の方位

| 四季 | | 『新撰陰陽書』説 王 | 『八卦法』説 王 | 『八卦法』説 相 |
|---|---|---|---|---|
| 春三月 | 立春 | 東方 | 艮（北東） | 震（東） |
| | 春分 | | 震（東） | 巽（南東） |
| 夏三月 | 立夏 | 南方 | 巽（南東） | 離（南） |
| | 夏至 | | 離（南） | 坤（南西） |
| 秋三月 | 立秋 | 西方 | 坤（南西） | 兌（西） |
| | 秋分 | | 兌（西） | 乾（北西） |
| 冬三月 | 立冬 | 北方 | 乾（北西） | 坎（北） |
| | 冬至 | | 坎（北） | 艮（北東） |

中宮妍子が参内する日を陰陽師の安倍吉平に択ばせたところ、吉平は十月三日をその日と勘申した。しかし頼通が具注暦を見ると九月晦日から天一神が西方に所在するため問題があることを道長に指摘し、道長に問われた吉平は弁明することができず参内の日を択び直している。それは道長の土御門第から内裏は西にあり、天一神の塞がり方に当っていたからである。

太白神は、毎日八方や中央・天上を移動するため、「ひとひめぐり」との別名をもつ。天一と同様に短期で移動する性格から、その方角への出行や宿泊を避けることが多い[14]。

『権記』長保元年（九九九）七月二十五日条に、左大臣の道長は方忌みがあるので天皇の御物忌には籠らず内裏を退出したとある。これは太白神が西にあって内裏参籠がはばかられたからである。また長保三年（一〇〇一）二月十四日条には、藤原行成は蔵人弁藤原朝経とともに三井寺に赴き入道宮（致平親王）らに謁し翌日の十五日に帰洛するが、

十五日、丁巳。帰洛す。内に参る。罷り出づ。四位少将・蔵人弁と同車して、六条宮に詣で、方忌を違ふ。

とある、やはり十五日は太白神が西にあり、方忌を避けて一旦参入した内裏から退出している。

『御堂関白記』長和元年（一〇一二）閏十月十五日条には、翌日の行事のため内裏に宿すべきであるが、方忌みがあるので帰宅したとある。これも道長の邸宅から内裏は西にあり、十五日・二十五日はともに

太白神は西に所在するためこれを避けて宿泊せず帰宅したのである。その一方で、『御堂関白記』寛弘八年（一〇一一）十一月十一日条には、「内より出づ。夜に入りてまた参る。方忌在るによる」とあり、前日から内裏に宿していた道長は、一旦帰宅したものの再度内裏に戻っている。一日・十一日・二十一日には太白神は東にあるため、これを避けて道長はこの日は帰宅できなかったのである。

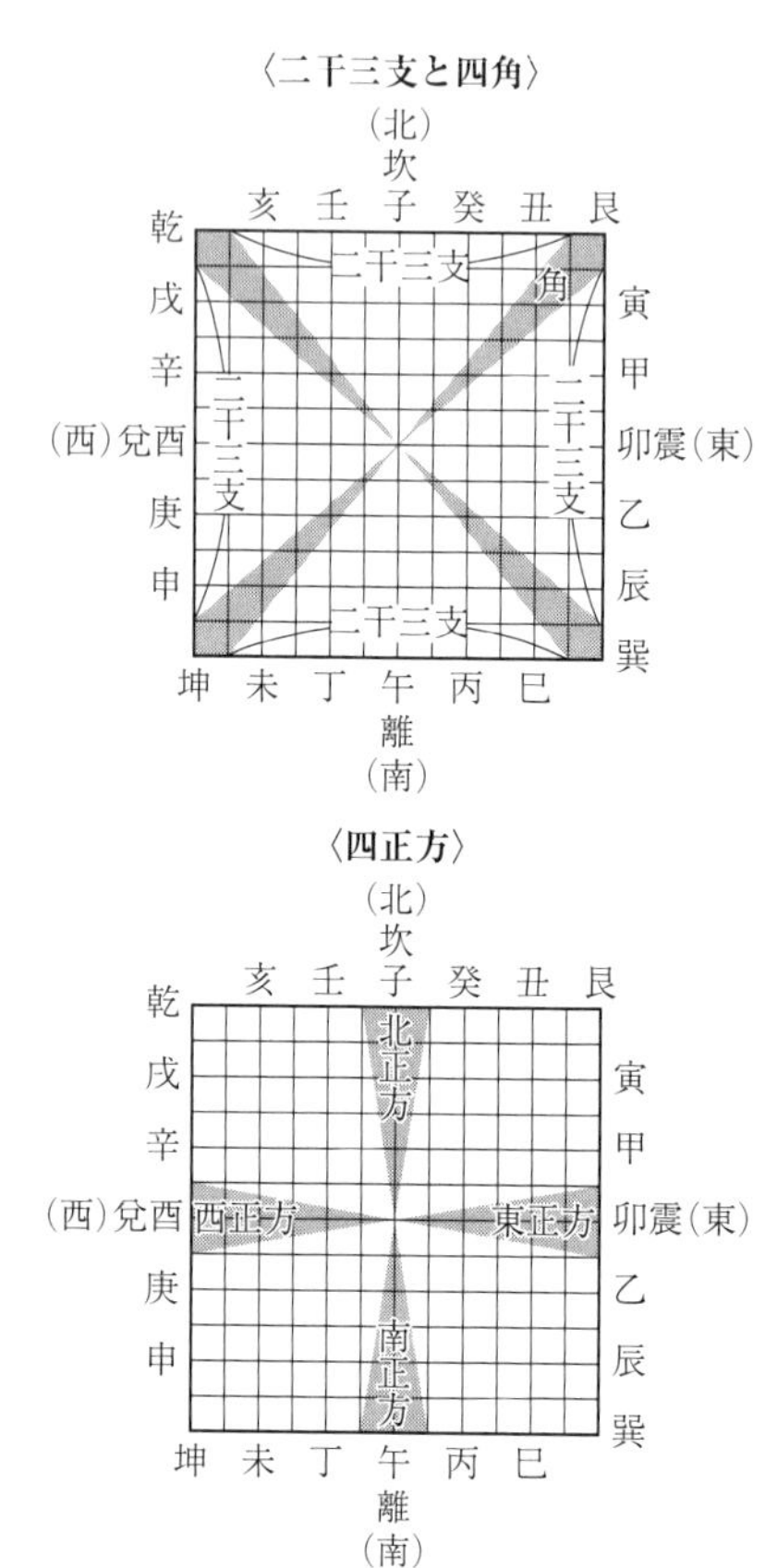


〈方角神が廻る範囲〉
『陰陽雑書』『陰陽博士安倍孝重勘進記』の所説による

| | |
|---|---|
| 大将軍 | ：四方の二干三支を廻る |
| 大将軍遊行 | ：四方の正方を廻る |
| 王相 | ：四方の二干三支と四角を廻る |
| 天一 | ：四方の正方と四角・天上を廻る |
| 太白 | ：四方の正方と四角・中央・天上を廻る |
| 八卦忌方 | ：四方の正方と四角を廻る |

陰陽道の二十四方位

### 大将軍と王相の方違え

大将軍神は、寅年から三年間は北方、巳年から三年間は東方、申年から三年間は南方、亥年から三年間は西方にというように、三年ごとに四方を巡る。しかも厄介なことは、この間にも表16-5のように、干支一巡六〇日間隔の小さなローテイションで遊行することであり、その移動日は具注暦に朱書されていた。大将軍が所在する方位では造作や修造などが憚られた。

賀茂家栄撰『陰陽雑書』などでは、大将軍の所在方位は、東南西北の各方の二十三辰（支）方を忌むとする。陰陽道では四方を右図のように八卦・十干（そのうち中央の戊己を除く）・十二支（南西北東は八卦と重複）の二十四方位で区分した。よって大将軍が東にあれば、甲・乙、寅・卯（震・正東）・辰の二干三辰が東方となる。なお大将軍遊行は正北・正東・正南・正西の正方の方角のみを忌むという。

王相は、春三か月は東方、夏三か月は南方、秋三か月は西方、冬三か月は北方と季節ごとに四方を巡って一年で回帰する方角神であり、表16-6のように春夏秋冬三か月毎に四方をめぐる『新撰陰陽書』説と、立春・春分、立夏・夏至、立秋・秋分、立冬・冬至の四十五日毎に八方を廻る『八卦法』説の二説があり、賀茂氏は前者、安倍氏は後者により説を違えた。

大将軍・王相はともに長期間にわたり滞在する方角神であるから、工期を要する造作・起土・修造などのさいこれをいかに避けるかが問題となり、方違えの工夫がなされた。方違えの方法は方角神の所在期間によって異なっていた。

大将軍の方違えに関する早い例は、『九暦』承平六年（九三六）正月五日条で、藤原忠平が息子の師輔に「明日は立春日也。仍りて今夜、汝の一条の宅に忌を違へんと欲す」と述べていることで、その年の干支は丙申、申年の立春から大将軍は三年間南へ移動した。忠平はその前夜、節分の夜に方違えを行った。これを節分方違えという。

また『村上天皇御記』天徳四年（九六〇）十月二十二日条に、九月の内裏火災により天皇は職御曹司へ遷御し、さらに今度は南の冷泉院へ渡ろうとしたおり、南方大将軍の禁忌をめぐって陰陽師の賀茂保憲と秦具瞻・文道光らの間で相論があった。保憲は忌の起点は内裏にあるとし、職御曹司では四五日を経ていないから忌はないとした。文道光は起点は天皇が現住所とする職御曹司にあるから大将軍の禁忌もありとした。当時陰陽師の間でも、大将軍の忌の起点が四五日間以上滞在した本拠にあるとするもの、また現在本人が所在する場所にあるとするものの二説あったことが知られるが、保憲の主張が採用されてその説が陰陽道の基準となった。

王相方の方違えについては『九暦』天徳四年四月三日条に、「法性寺宿坊へ向かう、節分の忌を違ふ、（明日夏節に入るか。）」とあるのがその例で、翌日は立夏四月節であり、立夏から三か月王相は南方へ移るから、その方忌を避けて師輔は方違えを行ったのであろう。これも王相の節分方違えである。

大将軍・王相方の方違えについて、『陰陽雑書』、『陰陽博士安倍孝重勘進記』、『方角禁忌』（『続群書類従』雑部）などの平安後期以降の陰陽家の説はほぼ同様であるが、ここでは『孝重記』より抄出しておこう。

一、大将軍方、方違への事

旧説に云はく、本所に住む人は、毎夜これを違ふ。本所は自領の宅也。

たとへば大将軍東へ移る年、立春前夜に方を違ふ後、四十五日の間毎夜違ふべし。一夜といへども本所に宿せば、その忌は本宅に留まるべきなり。四十五日毎夜違ひ畢るの後は、四十五日の間一夜これを違ふべし。

旅所に居す人は、四十五日に満たずしてこれを違ふべし。旅所は他人の宅也。

たとへば立春前夜に方を違ふ後、四十五日に至る毎に違ふべし。

一、王相方、方違への事

本所に住む人は、毎夜これを違ふべし。本所は自領の宅也。

たとへば立春前夜に方を違ふ後、毎夜十五箇日これを違ふべし。一夜といへども本所に宿し畢れば、その忌は本宅に留まるべきなり。十五箇日宿し畢るの後は、十五日に至る毎にこれを違ふべし。

旅所に居す人は、十五日に満たずしてこれを違ふべし。旅所は他人の領也。

たとへば立春前夜に方を違ふ後、十五日に至る毎にこれを違ふべし。自余の二至二分・立夏・立秋・立冬等はこれに准ずべし。


方違えの起点が、本人名義の家（本所・本宅）と他人名義の家（旅所）とでは方法は異なり、大将軍神の場合、本宅に居住する者は立春の前夜方違えを行い、最初の一気四五日間は毎夜方違えし、その後は一気ごとに一度とされたが、旅所では立春の前夜方違えを行ったのち一気ごとに一度の方違えですんだという。杓子定規に立春後の四五日間に毎夜方違えを行うというのはむりな話だが、この旅所ということなら可能である。この便法を受けて、造作修造工事を盛んに行うとともに禁忌意識が高じた院政期に上皇・女院や貴族などは、予め行動の自由を確保するために仮に本宅の名義を他人に譲渡したり、他人の家を仮の本宅とするなどして、実際の造作に伴う方違えだけでなく、それとは別に禁忌に触れることを避ける予防のための方違えをさかんに行ったようである。[15] 貴族の日記に頻繁に出てくる「四十五日の方違」というのは、この大将軍の一気四五日ごとの方違えのことをいう。

王相神は一気が一五日となり、八卦の忌方は本宅・旅所の別はなく現在の宿所が問題で一気は四五日であり、大将軍と同様な方違えの方法がとられた。このように方角神の禁忌を遵守する行為は、現代のわれわれから見れば全くの迷信で、かつ面倒な行為であり、当時でも生活に余裕がある貴族層でなければ無理な行為であろうが、一方でそのようなことを行なうこと自体が彼らのステイタスを表すものであったのであろう。

太陰太陽暦では立春は実質的な年始として重視されるが、方違えの上でも特別な日だった。大将軍神や八卦法の諸神は立春に、王相神は立春・立夏・立秋・立冬にそれぞれ所在の方位を替えたから、ことに三年ごとの寅・巳・申・子の年の立春はこれらの諸神がともに移動する特別な日となり、前日の節分の夜には一斉に方違えが行われた。『中右記』長承三年（一一三四）正月三日条には、つぎのように見える。

今夜節分なり。院御方違のため近江の大津の辺に渡御し、御車を立てながら御す。上達部は留められ、殿上人ばかり扈従すと云々。女院は出雲路の辺に御す。また御車を立てながら御すと云々。大殿、関白殿も御方違すと云々。三年大将軍北方に在るべきにより、万人方違す。

節分の夜、鳥羽上皇、待賢門院藤原璋子は、それぞれ方違のため御所から近江の大津や都の東北辺の出雲路に出御して車のなかで一晩過ごし、ほかにも大殿前摂政忠実、関白忠通をはじめとして「万人方違す」という状況であったという。これも長承三年の干支は甲寅で、節分の翌日立春から大将軍が北に移動するため、人々はこぞって方角神の厄難から逃れようとしたのである。

### 暦神大将軍信仰の浸透

説話とは異なるが、その話の中に院政期の都における民間の陰陽師や巫女の日常的な活動などを伝えている問答集に清水寺別当定深（～一一一九）撰の『東山往来』『東山往来拾遺』（ともに『続群書類従』消息部）がある。内容は社会の習俗や信仰に関わる問題を取り上げ、俗人と師僧の問答形式で話は展開する。次のそのいくつかをあげてみよう。

『東山往来』第十八状「百日の祓により還りて吉からざる状」では、「一家の祈りのために夏より秋にかけ百日間、一人の陰陽師に毎日祓を修させたが、その後かえって不快のことがあり、一家は病がちである。百日の祓を修したのにどうしてであろうか」という俗人の問いがあり、それに対して僧は「理由は、陰陽師が今様の作法で早朝に祓を行ったからである。冥神は陰を喜ぶから密教の諸神供や陰陽道など外道の祭祀は深夜に行うべきである」と答えている。祓で息災を祈って除かれる鬼神などは冥界の存在で夜に活動するものであるから、明るくなって祓をしても無意味であるというのである。

これは息災・除病のため民間の陰陽師が行った祓に関する批判であるが、巫女などの宗教者についても陰陽道の方角神である大将軍と関わり、つぎのような話がある。第十一状「巫女が妄りに祟りを指して悩を増す状」の問答は、「小女が病気になり乳母の女房がこれを巫女に問うと、大将軍神の祟りと占い、それ以後病は重くなった。そこで験者に加持を行わせると大将軍神が託宣して我が心であるという。家中でその禁忌を犯したことはないのにどういうことであろうか」と問う。これについて僧は「冥界の神は人に憑いてものを言い、賢者が真偽を決するものであるが、最近の巫女は虚妄を指してかえって祟りの狂乱を招いている。だから偽巫は用いるべきではない」と述べている。

さらに『東山往来拾遺』第三十九状「灸治の時、神祟りて焼き籠めらるべからざる状」の問答でも、「家の雑使が病となり灸治を行ったが、巫女がやってきて鼓を叩き神下ろしを行うと、大将軍神が託宣し自分の所為であるとした。しかも灸で焼きこめてはならぬと言っているが、これは理があることか」との問いに、僧は「神の祟りといえども病であるから灸治してよい」と答えている。このように少女や家の雑使の病について、大将軍神が修験者や巫女に憑いて託宣し自らの祟りであると述べたという。このほか『東山往来』第十状には、大将軍神像を造立して供養する話、『東山往来拾遺』第三状には、巫女が大将軍神像には金眼を入れるべきであると述べる話があるなど、院政期には市井で盛んに神像が造られていたことがうかがえる。

大将軍神は具注暦の暦序に記され三年ごとに所在を変える方角神であり、その方角を侵せば厳しい罰を被るといい、既述のように貴族社会ではその方角を避けて盛んに方違えが行われ、また造作や転居の際にあらかじめ方角の厄難を解くため陰陽道の大将軍祭が行われた。しかしここには陰陽師の関与は見られず、市井の巫女や修験者がその信仰を広めていた様子が知られるのである。

そのような信仰の広がりを反映して、十二世紀には都に上・中・下の三つの大将軍堂が存在していたことがわかっており、京都市左京区に所在する大将軍八神社は上大将軍堂の後身であり、現在も十二世紀を中心に八〇躰におよぶ大将軍神像が安置されている。陰陽道には恒常的な宗教施設はなく、陰陽師が行う祭祀は貴族の邸宅の庭などの開放空間で夜に星神を仰ぎながら臨時に祭壇を設けて行うものであり、また日常これを拝する彫像などの尊像は作られなかった。今に伝えるこれらの大将軍神像は、暦の方角神であり陰陽道から発した大将軍神信仰が、貴族層から平安京の市井にとけこみ、日常的に禍福をもたらす神として都市の人々の間に浸透していたことを証しており、古代の陰陽道が新たな展開期に入ったことを示すものといえる。(16)

大将軍神像　12世紀　大将軍八神社蔵

大将軍八神社・本殿

## 〈付論〉北斗七星と時刻

北斗七星は北極星の近くで日周運動を行っている非常に目につきやすい星であるが、中国ではその斗柄（柄の部分）の三星が指す方角を十二支にあて季節や時間を知る目安とした。前二世紀の『淮南子』天文訓に、「斗杓を小歳として正月に寅を建し、（中略）二月に卯を建す」とあるように、正月の昏（日暮れ）に北斗七星の柄は寅の方角を指し二月には卯の方角を指すため、正月を建寅月・二月を建卯月・三月を建辰月・四月を建巳月・五月を建午月・六月を建未月・七月を建申月・八月を建酉月・九月を建戌月、十月を建亥月、十一月を建子月、十二月を建丑月と称した。これは具注暦の月の冒頭にも「正月建寅」「二月建卯」などと月名干支にも用いられている。

平安時代の時刻制は、朝廷では陰陽寮漏刻博士が漏刻を用い定時制による時報管理が行われていたが、行幸以外では出向先で漏刻を用いることはなかった。そのような折、とくに夜間の時刻を知る方法として北斗の柄の指す方角が利用されていた[17]。

『今昔物語集』巻十二の第二十一語は、興福寺焼亡によって永承三年（一〇四八）に行われた再建時の霊験譚を記したものである。その年の三月二日夜寅の二刻に仏像を金堂に安置し、ついで供養することになっていたが、あいにくの雨模様で星が見えず時刻を知るすべがなかった。陰陽師安倍時親が時を知る法がないと嘆いていたところ、風もないのに御堂の上の雲が四五丈ばかり晴れて北斗七星がはっきりと現われた。それで時親は寅の二刻と知り時間通りに仏像を渡すことができ、空はまたすぐに曇で覆われてしまったという。この法会で日時を担当していた陰陽師は漏刻はなく、日中でもないので日時計も使えない。夜間は北斗七星の位置で時間を計っていたという。この話しは大江親通の『七大寺巡礼私記』にもみえ、よく知られた逸話であった。

また承徳二年（一〇九八）七月九日夜、賀茂御祖社（上賀茂神社）の遷宮に際して、陰陽寮はその時刻を亥剋としていたが、藤原宗忠の『中右記』には「雲晴れ月明るし、七星指すところ慥に亥剋に及ぶ」ということで遷宮が行われたとあり、宗忠のような貴族たちも北斗七星の指す位置で時刻を知っていたことがわかる。

ところで、第二章の付論で密教の北斗法に関連して述べた仁和寺寛空（八八四〜九七二）の『香隆寺指尾法』は、「北斗指尾法」ともいい、はじめて北斗曼荼羅（星曼荼羅）を作ったという香隆寺僧正寛空の撰であるが、鎌倉後期の密教の修法書『白宝口抄』北斗法（『大正新脩大蔵経』図像部、巻一〇）には、「北斗指尾法」を引用して、

正月

戌時寅方　亥時卯方　子時辰方　丑時巳方　寅時午方　卯時未方

などと、正月から十二月まで月ごとの夜間の戌・亥・子・丑・寅・卯剋（午後八時頃から午前六時頃）に

おける北斗の柄が指す方位を、子（北）・丑（北北東）、寅（東北東）、卯（東）、辰（東南東）、巳（南南東）、午（南）、未（南南西）、申（西南西）、酉（西）、戌（西北西）、亥（北北西）の十二支で記している。いまこれを表示すると表17のようになる。

表17　「香隆寺指尾法」月毎の時刻と方位

| 月／時 | 戌時（午後八時） | 亥時（午後十時） | 子時（午前〇時） | 丑時（午前二時） | 寅時（午前四時） | 卯時（午前六時） |
|---|---|---|---|---|---|---|
| 正月 | 寅方 | 卯方 | 辰方 | 巳方 | 午方 | 未方 |
| 二月 | 卯方 | 辰方 | 巳方 | 午方 | 未方 | 申方 |
| 三月 | 辰方 | 巳方 | 午方 | 未方 | 申方 | 酉方 |
| 四月 | 巳方 | 午方 | 未方 | 申方 | 酉方 | 戌方 |
| 五月 | 午方 | 未方 | 申方 | 酉方 | 戌方 | 亥方 |
| 六月 | 未方 | 申方 | 酉方 | 戌方 | 亥方 | 子方 |
| 七月 | 申方 | 酉方 | 戌方 | 亥方 | 子方 | 丑方 |
| 八月 | 酉方 | 戌方 | 亥方 | 子方 | 丑方 | 寅方 |
| 九月 | 戌方 | 亥方 | 子方 | 丑方 | 寅方 | 卯方 |
| 十月 | 亥方 | 子方 | 丑方 | 寅方 | 卯方 | 辰方 |
| 十一月 | 子方 | 丑方 | 寅方 | 卯方 | 辰方 | 巳方 |
| 十二月 | 丑方 | 寅方 | 卯方 | 辰方 | 巳方 | 午方 |

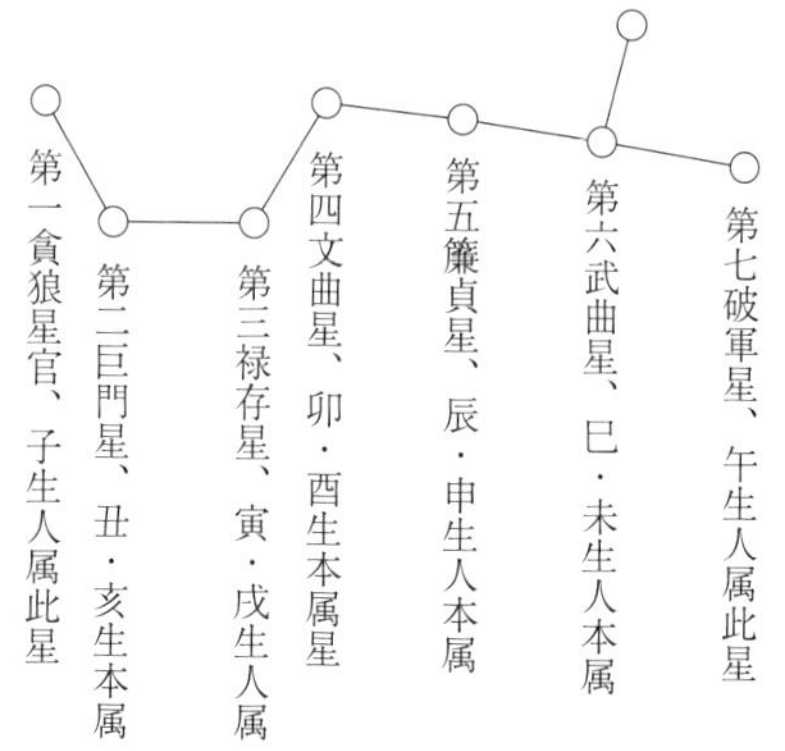

第七破軍星、午生人属此星
第六武曲星、巳・未生人本属
第五簾貞星、辰・申生人本属
第四文曲星、卯・酉生本属星
第三禄存星、寅・戌生人属
第二巨門星、丑・亥生本属
第一貪狼星官、子生人属此星

密教の北斗七星俯図
（東寺蔵『北斗護摩集』三より）

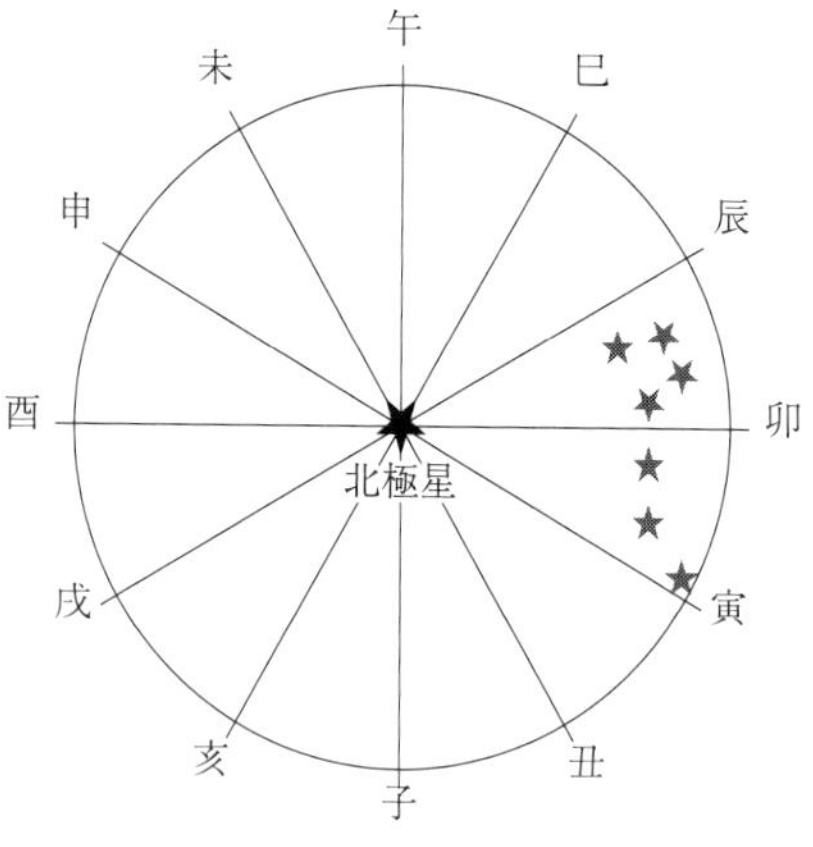

午
巳
辰
卯
寅
丑
子
亥
戌
酉
申
未
北極星

北斗七星と十二方位

恒星は見かけ上、地球の自転により一日で三六〇度一回転し、十二辰剋、二時間毎に三〇度ほど動く。また太陽の周りを公転していることにより、同じ時刻でも月毎に十二方位を一つずつ先へ移動する。この指尾法は夜間、北極星を中心に大きく回る北斗七星の尾（柄の先端の破軍星）の指す方角を、三〇度ずつ十二方位で記したものなのである。

ただし古代中国から平安時代まで、すでに歳差運動の蓄積によりずれは生じていたし、ひと月単位で記していることからもとより大まかな法であるが、漏刻もなく合理的な時刻を知る術のない場所では、具注暦の月建にも記される北斗の指す方位は時を知る基準となりえたのである。

そして寛空らの密教僧や彼らに帰依した九条師輔らの貴族にとって北極星は妙見菩薩・尊星王であり、北斗七星は本命属星として個人の運命を主る星であり、その運行の規則性は信仰対象でもあった。なお仏教では須弥山上より下に星を見るため、北斗七星の形は左右が逆で描かれ、下から見る偃図(えんず)に対してこれを俯図(ふず)と言った。

## 四　文学作品と暦

### 『古今和歌集』と暦

貴族官人の場合、その政務や行事などの活動と関わって具注暦の利用は不可欠であったが、文学の世界ではどのように表現されているのであろうか。

最初の勅撰和歌集である『古今和歌集』は平安前期の貴族たちの自然観や心性を表現し、以後の和歌に多くの影響を与えた歌集として知られている。古今集は延喜五年（九〇五）頃の成立とされるが、その構成は春歌、夏歌など四季歌から始まり、賀、離別、羈旅、恋などと進む。自然の運行が中心となり人の行動や感情、生活を成り立たせるものであることが示されている。その巻頭の二首は暦に関わるものであった。

ふる年に春立ちける日よめる　　在原元方

年のうちに春は来にけり　一年を去年とやいはむ　今年とやいはむ

春立ちける日よめる　　紀貫之

袖ひちて結びし水の凍れるを　春立つ今日の風やとくらむ

ともに立春を詠んでいる。太陰太陽暦ではひと月は月の満ち欠けを基準としながら、季節の推移をしめす目安は太陽の回帰年を二四等分した立春・雨水・啓蟄・春分と続く二十四節気であり、太陽年の年始に当たる立春は新年の正月にあることも旧年の十二月にあることも半々であり得た。これを新年立春、年内立春と言った。第一首はその年内立春、暦と季節のずれをたくみに詠った歌である。

第二首の貫之の歌は、袖を濡らして掬った水が凍っているのを立春の今日の風が解かしてくれるだろうか、という意である。

また、巻四秋歌の第二首にもつぎの貫之の歌がある。

秋立つ日、うへのをのこども、かもの川原に川せうえうしける、ともに罷りてよめる

つらゆき

河風の涼しくもあるかうち寄する　波と共にや秋はたつらむ

立秋の日に殿上人に従って賀茂川で川遊びをしたとき、川の「涼風」を詠ったものである。貫之の春歌と秋歌はともに『礼記』月令の「猛春の月（中略）東風凍を解く」「孟秋の月（中略）涼風至る」がその典拠とされることが多いが、そこまで遡る必要はない。月令を出典として具注暦の立春の日には七十二候の「東風解凍」、立秋の日には「涼風至」の暦注がある。彼らが毎日目にしていた暦の季節表記を前提として詠んだと考えるほうが素直であろう。古今集で暦の歌から始める意図を古橋信孝氏(18)は、四季歌はいわゆ

る叙景歌ではなく季節の変化を読むものである。暦は天皇の承認により成立するものだったから、自然は天皇の関与する暦という秩序の中で歌に詠み得るし、暦によって四季の歌が明確になると評している。

暦の七十二候は月令によっており、月令は一年間に行うべき恒例の儀礼や民間行事などを月順に記したもので時令とも言う。これを乱すことなく行えば世の中は泰平に治まると考えるのが時令思想である。平安前期にはその影響のもと宮廷の年中行事も成立し貴族たちの季節観に彩りを加えたが、その意識の基底にはこのように具注暦があり、それがすでに貴族官人たちの生活意識と密着した存在となっていたことが窺われる。

## 日記文学と暦

平安中期には女性により日記や物語などの多くの作品が作られている。まず女性の日記としては文学作品ではないが、醍醐天皇中宮の藤原穏子（八八五―九五四）の『太后御記』が逸文の形で数条残されている。それは日々の日記というより、皇子の誕生、男踏歌、父藤原忠平や自身の算賀など宮廷に関わる慶事を仮名で記したものであったようである。

紀貫之の『土佐日記』は、承平四年（九三四）に土佐守としての任を終えた彼が、船出から帰京するまでの様子を自ら女性に仮託して仮名で記した日記・紀行文である。その冒頭は「男もすなる日記といふものを、女もしてみむとて、するなり」とあり、当時は日記は男が書くものとされていたことが知られる。おんな手と呼ばれた仮名を用いたことと共に、日付にその日の干支を記していないことも、具注

暦を用い事実を記す男の日記との違いを意識したものであろう。そのなかに、

（正月）廿九日。船出だして行く。うら〳〵と照りて、漕ぎ行く。爪のいと長くなりにたるを見て、日を数ふれば、今日は子日なりければ、切らず。

とある。船出後にひと月余りを経て爪が長くなったので切ろうとを思ったが、日の干支を数えると子の日だから切らなかったという。わざわざ「日を数ふれば」とあることは暦を見ていなかったことを意味するから、ここでもそのような生活振りが意識されているといえよう。

子の日だから爪を切るのを止めたというのは、九条師輔の『九条右丞相遺誡』に、手足の甲（つめ）を除く日として「丑の日に手の甲を除き、寅の日に足の甲を除く」とあるように、子の次の丑・寅の日が爪を切る日とされていたからであろう。なおこれも具注暦中段の暦注で毎月丑の日に「除手甲」、寅の日に「除足甲」と記されていることによったものでる。女性だから具注暦は見ていないという設定であるが、日の吉凶の観念のうらに暦の知識が存在していたことを明らかにしている。

日を数えるという言葉は、女性による日記文学の先駆けとされる藤原道綱母の『蜻蛉日記』にもみえる。『蜻蛉日記』は天延二年（九七四）頃の作で、不実な夫藤原兼家との生活の不和とあきらめの心情、身分の高い男と結婚した受領の娘である作者の思いを、日月を明確にせず、「人にもあらぬ身の上まで書き日記して」（上巻冒頭）、「身の上をのみする日記」（中巻）と、自身のこと中心に記憶をたどりなが

心の「真実」として記している。そこに暦に規定される日次記としての男日記と、自身の内的な時間に重きを置く女性日記との本質的な違いがある。[19]

中巻の天禄二年（九七一）六月ころ、作者は鳴滝の山寺から兼家に連れ戻され帰宅するが、深夜兼家は方塞がりに気づき、「方はいづかたか塞がる」と言うので、「数ふれば、むべもなく、かなた塞がりたりけり」と、日にちを数えると中神・天一神の方とわかり兼家は帰って行ったという。その天禄元年に源為憲が貴族子弟の知識習得のために著した『口遊』（『続群書類従』雑部）には、天一神が所在する方位の暗唱法、天一神上下誦として「己酉下、癸巳上、角六方五」とみえる。これは己酉の日に地上に下り六日間は北東、乙卯から五日間は東、以後右回りに四角に六日間、四方に五日間留まりながら八方位を廻り（角六・方五）、癸巳から一六日間天上に留まり（天一天上）地上に忌はない、ということである（表16―2参照）。

作者は日ごろからこの暗唱法を心得ていたのであろう。男の場合には『御堂関白記』長和四年（一〇一五）九月二十六日条に妍子の入内日について、「しかるに暦をみるに、晦日より天一西に在り」と、こまめに具注暦を参照している。

下巻に天禄三年閏二月に、兼家が天一神の方忌があると知りつつ来訪し「今日は、方塞がりたりければなむ、いかがせむ」「いかに、御幣をや奉らまし」などと、御幣を天一神に奉って今夜泊まることを許してもらおうか、と述べたとある。御幣ではないが、これも『口遊』に天一神方塞がる夜礼拝の頌として「大徳威徳功徳自在通玉（王）仏」と唱えるとあり、禁忌を犯した場合このような呪が読まれたのであろう。

## 紫式部と暦

紫式部の歌集『紫式部集』には、越前国武生に滞在したときのつぎの歌がある。

　　暦に、初雪降と書きつけたる日、目に近き
　　日野岳といふ山の雪、いと深く見やらるれば
こゝにかく日野の杉むら埋む雪小塩の松に今日やまがへる

　これは長徳二年（九九六）に父の越前守藤原為時に伴われてその地に下向し詠んだものであるが、詞書の「暦に、初雪降と書きつけたる日」と、暦の記載がある。これについて暦注の「初雪降」とある日に詠んだとする注釈もあるが、具注暦の七十二候には「水始凍」「地始凍」、二十四節気に「小雪」「大雪」はあるが「初雪降」はない。紫式部が自ら暦に書き記していたとみるべきであろう。当時彼女は二十四歳と推定され、その学才は知られるごとくであるから、暦に日記を記していてもおかしくない。[20]

　紫式部は寛弘元年（一〇〇四）頃に中宮藤原彰子のもとに出仕する。現存の『紫式部日記』は寛弘五年の中宮御産、敦成親王（後一条天皇）の誕生、一条天皇の行幸、五十日の祝宴から同七年の敦良親王（後朱雀天皇）の誕生までを記す記録的部分と、女房評などの消息文が混在しているが、全体の三分の二

は敦成親王に関わる記事であり、主体を成している。親王誕生の記録は道長の『御堂関白記』、実資の『小右記』、行成の『権記』があり、『御産部類記』に「不知記」（記主不詳）としておそらく中宮職の官人が記した、当日の加持祈祷から誕生後の読書、鳴弦、御湯殿の儀まで記録がある。その「不知記」と『紫式部日記』の内容を比較した丸山裕美子氏は、前者が外向けの公的記録であるのに対して、『紫式部日記』は後宮の内々の記録であったとみている。[21] 式部はその才智を道長に見込まれて彰子の後宮に仕えたようであるが、この記録も期待されたところであり宮廷内から道長一家の栄華を伝えている。ただし日を継いで書かれているわけではなく、また回想的筆致もあり全体がまとまられたのは寛弘七年の夏頃とされている。

そのようなところにも日々客観的事実を記す男日記、内的な心象を中心とした女性日記の違いがのぞくが、暦に関わる場面では寛弘六年の「正月一日、言忌もしあへず。坎日なりければ、若宮の御戴餅のことどまりぬ。三日ぞまうのぼらせたまふ」とあり、諸事を忌む坎日（九坎）であるとの理由で敦成親王の戴餅のことは三日に延期されたとある。実は前日の大晦日に、中宮御所に賊が侵入して女房たちの衣装を剥いで逃げるという事件が発生したばかりだった。それと元日が坎日が重なり、若宮の御戴餅は三日に延期されることになったのであろう。

その一方で、前年十一月朔日の親王五十日の儀については、「御五十日は霜月の朔日の日。例の、人々のしたててまうのぼりつどひたる御前の有様、絵にかきたる物合の所にぞ、いとよう似てはべりし」にはじまる、土御門殿における盛儀が記されている。ところがその日次については『小右記』十一月一日条に、「昨五十日に満つ、而して日宜しからず。仍て今日此事有り」とあり、実際には前日の十月三十日が五十日目に当っていたが、日が悪いので一日繰り延べになった由が記されている。

皇子誕生後の諸行事は陰陽師が日時を勘申する。五十日の延期もその意見が反映されていたと考えられるが、十月三十日が避けられた理由は具注暦の暦序にその日が凶日とされていることにあったと考えられる。さきにも引用したが、暦序には上吉日、次吉日、軽凶の日が記され、

　廿四気・朔・望・弦・晦・建・除・執・破・危・閉

右件軽凶、亦不可用之。與上吉并者、用之無妨。其晦日唯利用除服・解除吉。

と、晦日は二十四節気、朔・望・上弦・下弦、十二直の建・除・執・破・危・閉の日と並んで軽凶で、これを用いてはならない。上吉日（即ち歳徳・月徳・天恩・天赦）と重なれば妨げはないが、晦日だけはただ除服や祓を行ってよい、つまり上吉と重なっても除服・祓しか行えない凶日であった。

因みに当日の具注暦を復元するとつぎのようになる。

（十月）

『箕火』三十日丁巳、土破　　陰陽交破、重 不為嫁娶、不動財

『大将軍還南』

（十一月）
『斗水』一日戊午、火破　大雪十一月節　鶡鳥不鳴　侯未済外　大歳位、歳徳、血忌、厭對　療病・壊垣・伐樹吉　日遊在内
『狼藉　不視病　不弔人』

十一月一日も大雪十一月節、すなわち二十四節気の日、朔、破があるものの慶事によい上吉の歳徳があり、十月三十日の方は晦とともに凶会日でもあり五十日の祝儀の相応しくないことは明らかだった。その間の事情は宮廷の女房にも周知されていたのであろうが、紫式部はことの展開に関わらせて日の吉凶の認識を省き、また話の中に織り交ぜているのである。

そのようなところにも作者の心象を中心に書き留められていく日記文学と、現実の政治や儀式や先例との関わりから時の吉凶を意識する貴族日記との時間意識の相違がみとめられるであろう。

## 仮名暦の展開

鎌倉時代の初めにまとめられた説話集『宇治拾遺物語』巻五の七「仮名暦誂へたる事」には、ある女房が紙を得たので僧侶に仮名暦の書写を依頼する話が載せられている。僧侶は「始めつ方はうるはしく、神、仏によし、坎日、凶会日など書きたりけるが」と、はじめのうちは丁寧に書写していたが、途中からいたずら心をおこし「はこすべからず」（トイレに行かない日）などと何日も書き、これを真に受けた女房が難儀したという内容である。漢文で書かれた具注暦にくらべ仮名暦は簡便であり、これによって

暦は貴族・僧侶等の知識層から、仮名を用いる女房、さらに庶民にまで利用されることになった。暦の中世的展開を象徴する出来事である。

現存最古の仮名暦は、宮内庁書陵部蔵九条家本『中右記』紙背の嘉禄二年（一二二六）のものであるが、その発生は平安時代後期にさかのぼると考えられている。また暦に対する民衆の需要が増大すると、木版刷の仮名暦（摺暦）が現われるようになり、最古のものは、東洋文庫に元弘二年（一三三二）の暦が残る。中世ではこのように仮名暦が普及し、さらに版行が開始され、また各地でも暦がつくられ京暦ばかりではなく南都暦や三島暦などのいわゆる地方暦も発行され、広く庶民へも行きわたるようになった。

仮名暦では十二直のないものなど従来の具注暦から大幅に暦注が省かれ、はじめはまだ型は定まっておらず、やがて十二直の記載もはじまり暦注もふえる傾向にあった。『宇治拾遺物語』に「神、仏によし、坎日、凶会日など書きたりける」とあったが、実際の仮名暦の下段でも主要な暦注は、神吉日（かみよし）・三宝吉日（仏によし）・凶会日（くゑ日）・重（ちう日）・復（ふく日）・坎（かん日）・血忌日（けこ日）などであり、それらがもっとも一般的な暦注であったことを反映している。

このような暦注の選択は、暦注のなかで社会的に何が重視されていたかを知る指標であった。さらに岡田芳朗氏[22]は、仮名暦の下段の暦注は具注暦と対応するものもあるが、仮名暦だけに見られるものもあり、仮名暦が単に具注暦を翻案したものでないこと、また時代と共に下段の暦注には農事や商業に関するものが多くなっており、祭事や修造に関するものは減少しているなどのことを指摘している。

このように自由な展開がみられる仮名暦は私的に広まった暦であり、具注暦と仮名暦の使用者の階層的な相違を反映しているものと考えられるが、その一方で仮名暦の選択は具注暦にも反映してその暦注にも変化が見られた。つぎに具注暦にみえる変化を付言しておこう。

# 〈付論〉中世具注暦の簡素化

中世には具注暦の暦注自体にも簡略化がみられた。桃裕行氏は「鎌倉時代の半ばに暦注の交替があったように思われる。下段に「何々吉」と小書された吉凶注で、明恵上人自筆の『土沙勧進記』紙背の嘉禄三年（安貞元年、一二二七）と安貞二年（一二二八）の具注暦（大東急記念文庫所蔵）や、『江談抄』紙背の延応二年（仁治元年、一二四〇）具注暦（尊経閣文庫蔵金沢文庫本）には旧来の暦注が略されて注されているほかに、上段左脇に別の吉凶注が記されて、新旧交代の時機であることをあらわしている。この新暦注のうちで、目につくのは「乗船吉」で、私はひそかに「乗船型」とよんでいる[23]」と述べている。そこで具注暦下段の小字雑注の簡略化や、暦上段の新しい注記に注目しながら、同じ節月干支という条件のもとで具注暦の基本型を具備する『大唐陰陽書』と中世前期の具注暦・仮名暦の例をあげて比較検討してみよう（節気・七十二候などは略した）。

**『大唐陰陽書』** 四月節

壬戌、水執、伐　　大歳對、復　裁衣吉

癸亥、水破、　陰陽交破、重

甲子、金危、沐浴、『大将軍遊東、土公遊北』　大小歳後、天恩 祠祀・嫁娶・納徴・移徙・壊垣・破屋・謝宅吉

乙丑、金成、　大小歳後、天恩、月徳合、帰忌、厭對 加冠・拝官・冊授・祠祀・入学・修井碓吉

『滅門』丙寅、火収、『三吉、天一卯午、下食時寅』『天間』　大小歳後、天恩、母倉 加冠・拝官・冊授・結婚・納徴・納婦・移徙・出行・修理・種蒔吉

丁卯、火開、『三吉』神吉　大小歳後、天恩、母倉 加冠・拝官・冊授・結婚・出行・祠祀・入学・移徙・納婦・殯埋・斬草吉

戊辰、木閉、『不視病、不弔人』五墓　絶陰、月殺　日遊丨

**『承久三年具注暦』**承久三年（一二二一）四月（四月節）

『張土』八日、壬戌、水執、『伐』　大歳對、復 裁衣吉

『翼日』九日、癸亥、水破、　陰陽交破、重

『軫月』十日、甲子、金危、沐浴、『土公遊北』至上多上元袴山女上井穴　大小歳後、天恩 祠祀・嫁娶・納徴吉

『角火』十一日、乙丑、金成、除手甲 舟穴井　大小歳後、天恩、月徳合、帰忌、厭對

『亢水』十二日、丙寅、火収、除足甲 車『三吉、天一午、下食時寅、天間』　大小歳後、歳徳、天恩、母倉、復 加冠吉

『氐木』十三日、丁卯、火開、『神吉』下『羅刹』元袴山女陰多次　大小歳後、天恩、母倉 加冠・拝官吉

『房金』十四日、戊辰、木閉、『五墓』『甘露、不視病、不弔人』　絶陰、月殺　日遊在内

**安貞三年仮名暦**（一二二九・寛喜元）

（『民経記』寛喜元年六月記紙背文書）

四月小　と久か登尓あり

十九日、見つのえいぬ、　雑事尓よろし、ふく日

廿　日、ミつのとのゐ、　くゑ日、ちう日

廿一日、きのえね　神尓よし、雑事ニよし

廿二日、きのとのうし、　雑事ニよろし、きこ日

**正応三年仮名暦**（一二九〇）

（『実躬卿記』正応三年正月記紙背文書）

四月小　『とくう門にあり』

十三日、みつのえいぬ、　物たつによし、ふく日

十四日、みつのとのゐ、　はせんのをはり　くゑ日、ちう日

十五日、きのえね、　よろつによし

けんふく、むことり、井ほり

かまぬるによし

廿三日、日のえとら、　雑事・物たつ尓よし、ふく
日
廿四日、ひのとのう、　神仏尓よろし
雑事・物たつ尓よろし
廿五日、つちのえたつ、　くゑ日

---

十六日、きのとのうし、　やたて、かまぬりによし
井ほり、ふねにのるによし
十七日、ひのえとら（下しき時とら）、　ふく日、わうまう日
十八日、ひのとのう、　仏によし、　物たつによし
十九日、つちのえたつ、　くゑ日

『承久三年具注暦』には上段の左脇に「至上多上元袴山女上井穴」や「舟穴井」「車」「元袴山女陰多次」などが見える。このような注記は桃氏の指摘のように延応二年具注暦（『江談抄』紙背）にもみえ、「元・袴」は元服・着袴の、「女」は嫁娶、「井」・「穴」は掘井・穴埋め、「舟」は乗船、「車」は造車乗車の吉日と考えられるが、なお不明のものも多い。正応三年（一二九〇）仮名暦（『実躬卿記』紙背）にみえる「げんふく」「むことり」「井ほり」「ふねにのるよし」などはそれと対応するものであろう。

一方、安貞三年（一二二九）仮名暦（『民経記』紙背）には「雑事ニよろし」との注記が目立つ。正応三年仮名暦には「よろつによし」とあり、これはいわゆる雑事吉日・諸事吉日でのことであるが、仮名暦に特徴的なこの注記は、目立たないが『猪隈関白記』の正治元年（一一九九）具注暦以下や、『深心院関白記』の文永二年（一二六七）具注暦の上段右に「雑事吉」とみえている。これは従来の具注暦にはなかったもので、仮名暦の影響を受けたものと考えてよいであろう。

このように中世に入ると仮名暦のみならず具注暦も、社会生活の視点に立ち実用に沿って暦注の変更がなされていたことが知られるのである。

# 第四章　暦記の成立と展開

九条師輔は『九条右丞相遺誡』で毎朝暦に日記を書くように求めていた。既に十世紀中頃にはそのような行為が彼ら貴族のなすべきことと認識されていたことがわかる。天皇や貴族たちの日記は九世紀末頃から書かれ始めたようであるが、その要因には如何なるものがあったのであろうか。本章では日記を記し、かつのこすことを必要視した理由とともに、日記を書く素材としての具注暦の形態という観点からこれを検討する。また、貴族社会では多数の人が日記をつけたが、中世前期では家柄・職務によって所持した具注暦の間明き行数や供給経路は異なっていたとみられることなどを取り上げる。すなわち日記を書く料紙としての暦の存在と、日記の記主との社会的関わりを考えたいと思う。

## 一　暦記の成立と展開

### 暦記のはじまり

日記・古記録は原則として備忘のために日々の出来事を書き継いだものであり、相手に意志を伝える文書やそれを後世に残そうとする著作・典籍、また日記と称しても読者を想定して作者の心象を書き残す『蜻蛉日記』『更級日記』などの文学作品とも異なる。日本では平安時代以降に多数の日記が書かれたことによって、日記・古記録が歴史を知る主要史料となった。

日記には官庁の公日記、個人の私日記の別がある。公日記には『養老令』職員令で大内記の職務に「御所の記録の事を掌る」とあり、中務省の内記が天皇の行動や御在所での儀式などを記した内記日記、『類聚符宣抄』の弘仁六年（八一五）正月二十三日の官符で、内記とともに外記も御所の行事儀礼などの記録を取るように命ぜられたことに発する外記日記があり、また天皇に近侍する蔵人も殿上日記をつけていた。『本朝世紀』が外記日記を素材に編纂されたことはよく知られている。

個人の日記では、斉明五年（六五九）の遣唐使に随行しその様子を記した伊吉博徳の『伊吉博徳書』が『日本書紀』斉明天皇紀などに引かれ、承和五年（八三八）に天台宗請益僧として入唐した円仁の在唐日記『入唐求法巡礼行記』などがあるが、これらは唐滞在記である。先述のように正倉院文書の天平十八年具注暦には写経所官人の日記が十日間ほどみられる。この暦は二か月ほどの断簡であり継続的な日次記であったか否かわからないが、暦に日記を書き付ける暦記の先蹤となる[1]。

暦は日々参照して予定を確認したり、日の吉凶を知るために毎日見るものであるから、そこに日記をのこすことは極めて便利なことであり、現在の我々がカレンダーや日付のある手帳にメモなどを書き込む行為と共通するものがある。第一章でみた漢代の地方少吏の『元延二年日記』や右の正倉院暦、さらに近世朝鮮の例であるが、ソウル大学校奎章閣蔵の『甲寅暦書』（一六七四年）、『嘉慶九年時憲書』（一八〇四年）、『乙巳日月』（『道光二十五年時憲書』、一八四五年）などの版暦にも、所有者が天候や行動などを記した日記の書き込みがあり、その利便性は共通であった。

しかし平安時代にはじまった天皇や貴族が書く日記の特色は、単なる備忘や行動の記録ではなく、政務・儀式次第への関心が強く、それを子孫に伝えようとする意識が見えること、世代を越えた日記の継続性がみえることであり、それ以前の日記とは異なっていた。

そのような日記のはじめは『宇多天皇御記』とされ、即位年の仁和三年（八八七）から寛平九年（八九七）までの逸文を残し、その後も天皇が日記を付けることは醍醐・村上天皇へと受け継がれた。ほかに『式部卿本康親王記』『橘広相記』『紀長谷雄記』『吏部王記』（『重明親王記』）は逸文で、貞信公藤原忠平の『貞信公記』は抄録が伝えられており、九世紀末以降に親王や廷臣も日記を書きのこす人が多くなった。これら多くは十世紀中頃の九条師輔が「昨日公事で、もし私にやむを得ざることなど、忽忘に備ふるため、また聊か件の暦に注し付すべし」と、暦に日記を書くことを子弟に訓戒したように、また『貞信公記』もそうであったように、具注暦を料紙として用いた暦記であったと考えられる。

暦と日記の関係については、鎌倉中期に下るが高野山の僧頼瑜の『真俗雑記問答鈔』第十五（『真言宗全書』巻三六）に次の一節がある。

> 公家の御暦は、中二行置きに、此これを書さる。日記の料と云々、二巻にこれを調ぜらる。親王・関白家もこれに准ず。

天皇・親王や摂関家等の具注暦は日付の間に二行の余白があり、それは日記を書くためのスペースであり、一年分は上下二巻に作られていたという。このことは時代をさかのぼって道長の『御堂関白記』自筆原本の暦にその具体例を見ることができる。先述のように一四巻すべてが半年の巻で二行の余白「間明き」があり、そこに日記が書き込まれていた。では現存するその他の暦記原本はどうであろうか。

### 現存の暦記原本

ここでは暦記の原本を残すもので、間明きのある具注暦に記すものと、ない具注暦に日記を記す例をあげておこう。

#### (1)　間明きがある具注暦を用いる例

前述のように、『御堂関白記』の長徳四年（九九八）暦下巻から寛仁四年（一〇二〇）暦上巻までの十四巻は間明き二行である。

左大臣源俊房の日記『水左記』の康平七年（一〇六四）暦上巻から永保四年（一〇八四）暦上巻までの七巻は、間明き三行の具注暦に書かれている。

参議藤原為房の『大御記』（『為房卿記』）承暦五年（一〇八一）暦下巻は間明き二行の具注暦を用いており、その期間は『水左記』と重複している。なおその暦注を比べると『大御記』の方に省略が見られ、貴族間でも階層の差によって書写供給ルートに違いがあったことが知られる。

これらは間明き二～三行で、一年が上下二巻に分けられていたが、それ以上の間明きになると巻が太く使い勝手が悪くなるために一年分春夏秋冬の四巻に分けられた。

守覚法親王の『北院御室日次記』の治承四年（一一八〇）暦断簡は間明き五行であり、鎌倉時代でも近衛家実の『猪隈関白記』は建久十年（一一九九）暦夏巻から建仁元年暦冬巻は五行、建仁二年春から三年秋までは三行、建保五年から七年暦断簡、承久四年春・夏暦、元仁元年暦断簡、嘉禄二年から四年、寛喜四年（一二三二）暦断簡などは五行である。

近衛基平の『深心院関白記』の文応二年（一二六一）から文永五年暦春巻は五行、西園寺公衡『管見記（公衡公記）』の弘安十一年（一二八八）正・二・三月暦断簡も五行である。このように鎌倉時代に上層の貴族たちは間明きが五行にも及ぶ具注暦を用いて日記を記していた。

つぎに南北朝期に入って、近衛道嗣の『後深心院関白記』（『愚管記』）は文和五年（一三五六）・永和五年暦は二行。洞院公定の『洞院公定日記』は応安七年（一三七四）・永和三年（一三七七）暦の間明き三行と、康暦二年（一三八〇）暦の二行の二通りの具注暦を用いている。

天皇や院の日記で現存するものでは、花園上皇の『花園院宸記』の正和二年（一三一三）暦上巻から元亨二年（一三二二）暦下巻、後宇多上皇の『後宇多院宸記』の文保三年（一三一九）暦上巻、光明天皇の『光明天皇宸記』の暦応五年（一三四二）・康永四年（一三四五）暦はともに三行の間明きをもつ具注暦である。

また後光厳天皇（一三五二〜七一在位）の御暦について『師守記』貞治七年（一三六八）正月五日条には、「禁裏御補任歴名幷に御暦一巻上、三行置、これを下さる、家君留守の間、請文に及ばず、賜ひ置き了

表18　中世前期天皇の暦記原本

| | | |
|---|---|---|
| 『花園院宸記』（宮内庁書陵部蔵）天皇在位一三〇八～一八 | | |
| 正和二年（一三一三）上 | 序正月1日～6月29日 | 間明き3行、暦面花園院宸記 |
| 正和二年（一三一三）下 | 序7月1日～12月30日暦跋 | 3行、暦面花園院宸記 |
| 正和三年（一三一四）上 | 正月2日～6月30日 | 3行、暦面花園院宸記 |
| 正和六年（一三一七）上 | 序正月2日～3月28日、4月1日～6月30日 | 3行、暦面花園院宸記 |
| 文保三年（一三一九）上 | 2月3～18日 | 3行、暦裏花園院宸記延慶3冬記 |
| 元応二年（一三二〇）上 | 序正月1日～6月29日 | 3行、暦面花園院宸記 |
| 元応二年（一三二〇）下 | 序7月1日～12月29日暦跋 | 3行、暦面花園院宸記 |
| 元応三年（一三二一）下 | 序7月1日～12月29日暦跋 | 3行、暦面花園院宸記 |
| 元亨二年（一三二二）上 | 正月2日～6月30日 | 3行、暦面花園院宸記 |
| 元亨二年（一三二二）下 | 序7月1日～12月30日暦跋 | 3行、暦面花園院宸記 |
| 『後宇多院宸記』（国立歴史民俗博物館蔵）天皇在位一二七四～八七 | | |
| 文保三年（一三一九）上 | 序正月1日…4月12日 | 間明き3行、暦面宸記 |
| 『光明天皇宸記』（京都御所東山御文庫蔵）天皇在位一三三六～四八 | | |
| 暦応五年（一三四二） | 正月1日～12月20日暦跋 | 間明き3行、暦面宸記（もと上下二巻） |
| 康永四年（一三四五） | 4月17日～12月30日暦跋 | 3行、暦面宸記（もと上下二巻） |

備考：暦残存期間の…は欠損があることを示す。

んぬ」とあり、この御暦上巻も三行置くとあるから間明き三行で、ここからも中世の天皇は間明き三行の具注暦を用いていたことが知られる。

### (2)　間明きのない具注暦を用いる例

間明きのない具注暦は、九条家本『延喜式』紙背の永承三年（一〇四八）暦（東京国立博物館）、『慈覚大師伝』紙背の長承二年（一一三三）暦などがあるが、日記を記す例は平安時代末からみられ、白河伯家の『顕広王記』応保三年（一一六三）から治承二年（一一七八）暦七巻、『仲資王記』安元三年（一一七七）から建暦三年（一二一三）暦八巻、『業資王記』建久十年夏（一一九九）から建保六年（一二一八）暦五巻があり、日記は行間界線をまたぎ、書ききれないときは紙背に及んでいる。

『大乗院具注暦日記』の『信円記』承元四年（一二一〇）暦、『尊信記』の寛元五年（一二四七）暦、『慈信記』の永仁六年（一二九八）暦は間明きがなく、同記永仁七年暦は間明き一行である。また陰陽師某の日記『承久三年具注暦』の承久三年（一二二一）暦、賢俊の『賢俊僧正日記』の貞和二年（一三四六）、文和四年（一三五五）暦も間明きがない。

このような例をみると一般的に神祇官人・僧侶・陰陽師などの専門職能層が間明きのない暦を用いる観があるが、十四世紀になって三条公忠の『後愚昧記』の延文六年（一三六一）暦も間明きがない。

このほか間明きのない暦の紙背を利用して日記を書く例がある。平信範の『兵範記』保延五年（一一三九）、同七年、仁平三年（一一五三）暦の紙背は後年に日記の料紙として利用したもの、三条実房の

『愚昧記』も嘉応三年（一一七一）暦、承安三年（一一七三）暦の紙背に翌年の日記を、三条実躬『実躬卿記』は文永十一年（一二七四）暦の紙背に弘安十年（一二八七）の日記を、正応二年（一二八九）仮名暦の紙背に翌三年記を、満済の『満済准后日記』応永十八年（一四一一）暦、同二十年暦から同三十年暦、伏見宮貞成親王の『看聞日記』永享九年（一四三七）暦、文安四年（一四四七）暦、文安六年（一四四九）暦、宝徳二年（一四五〇）暦も暦裏に同年やその後の年の日記を記している。これらは反故紙と同様に使用済みの暦の裏を日記の料紙としたものであるから、厳密な意味での暦記とは異なるものである。

なお間明きのあるものとないものの両暦を用いる場合もある。その傾向は吉田経俊の『経俊卿記』や藤原経光の『民経記』、同兼仲の『勘仲記』、中原師守の『師守記』など鎌倉期以降に弁官や外記に任じられた実務官僚の日記にみられるが、その特質については次章で検討したいと思う。

## 写本日記と暦記　—主要な日記は暦記であった

このように実際に原本を伝える天皇や貴族の日記の多くが、具注暦に書き込まれた暦記であったことが知られるが、しかし古代中世の日記は原本は失われ、写本で伝わるものの方が圧倒的に多い。そこで日記の写本を詳細にみていくと、原本が具注暦に書かれていたことを窺わせる例をいくつも拾うことができる。つぎにそれを挙げてみよう。

### (1)『貞信公記』

まず藤原忠平の『貞信公記』は、先述のようにこれを長子実頼が抄出した『貞信公記抄』が伝わるが、延喜九年（九〇九）二月二十一日条の注記に「暦日に十死一生と注す。私に記すところ」、逸文の延長元年（九二三）七月十四日条に「丙寅、井宿、日曜、天恩、帰忌、辰剋に御産事あり」となどとあるように、抄出に当たり実頼は原本から暦注も引用しており、『貞信公記』が具注暦に書かれていたことを証している。

(2)　『清慎公記』

忠平の長子の藤原実頼の『清慎公記』は佚文を残すのみであるが、嗣子実資の『小右記』万寿四年（一〇二七）九月八日条に「按察行成卿、故殿（実頼）の天暦八年御暦上巻を送る、二月七日以前無し。出所太だ不審、太だ奇々々」とみえ、『清慎公記』が故殿の「御暦」と記され、かつ天暦八年御暦の「上巻」とあることから一年分上下二巻で、それにより間明きをもつ暦であったことが推測される。

(3)　『九暦』

忠平の次子師輔の『九暦』は、『左経記』長元元年（一〇二八）二月二日条に、「夜に入りて、故大納言（藤原行成）の御許に在る九条殿の御暦日記廿八巻承平元年より天徳四年に至ると云々。を関白殿に奉る。これ大納言の自筆也。誠に秘蔵のもの也」とあり、また、『後二条師通記』寛治六年（一〇九二）九月二日条にも「九条殿御暦記の辛櫃二合、本書、新書、下し給ふところ也。新書は大納言の手跡也。」とあり、その日記は九条殿の「御暦日記」「御暦記」と称されている。(2)

（4）『権記』

藤原行成の『権記』については、『小右記』万寿二年（一〇二五）二月九日条に、「行成卿云はく、暦に記さんがため先ず扇に注す。彼の日の事を忘れざるためなり。しかるに行経これを取りて参内す。後に此の由を聞く、極めて不便の事と云々」とある。藤原斉信が豊明節会において失誤があり、行成はこれを暦に記そうとしてまず扇に注しておいたが、子息の行経がこれを内裏に持ち出し、源隆国に読まれて披露されてしまったという。貴族たちのなかには、このように儀式の場の出来事を忘れないように一旦扇などに記しておき、後に具注暦に日記を書く場合があったことが知られる。よって行成の記録も暦記であった。なおこの記事は、そのまま『古事談』巻一に引かれている。

（5）『小右記』

平安中期の最も浩瀚な記録である藤原実資の『小右記』には、多く「暦記に注す」「暦裏に注す」などの表記があり暦記であることが窺えるが、つぎの例はそのことを直接に示すものである。寛弘八年（一〇一一）大嘗会の検校であった実資は九月二十二日条に、「此の会に触るるの事数千万、暦上に記書すべからず、只これ大略の大略也」と記し、大嘗会に関わる儀は膨大で暦の上には書ききれないとする。翌長和元年九月一日条には、大嘗会の年には九月三日に北辰に御灯を奉る儀は行わないということの根拠について、「件の記は寛弘八年暦に注す」と記し、実際に寛弘八年九月一日条にはこの件に関する『清慎公記』の佚文を引用しており、ここでも自らの日記が暦記であることを述べている。実資が娘の千古の婚儀の吉日を択ぶ長元二年九月二十日条はとくに興味深いので引用しておこう。

守道朝臣（賀茂）を呼び、十一月一日乙卯と廿六日庚辰の嫁娶の勝劣を覆問す。云はく、庚辰を勝と為す。彼日は月殺なり、忌むべきか。云はく、上吉幷びこれを用ゐれば妨げ無し、已に大歳前・天恩あり、尤も優と為すべし。又義日、亦陰陽不将日なり。此の日を以て嫁娶吉日と為す。後日月殺の例を尋ね見るに、「永延元年十二月十六日金〔火〕平甲辰、大歳對月殺云々、吉、納財左京大夫道長左府の女に通ず。」件の嫁娶日は已に月殺、忌み避くべからざるか。大幸は彼の家より開く。今年、十一月「廿六日庚辰、大歳前、天恩、月殺嫁娶、嫁〔婦〕吉、納」彼日より勝るか。

実資が十一月一日乙卯と二十六日庚辰のどちらが良いか陰陽師の賀茂守道に問うと、守道は後者を吉とした。実資は庚辰の日は月殺でありこれを忌む必要はないかと再度問うと、守道は妨げはなく他の暦注なども勝り嫁娶吉日であるとした。そこで実資は後日、月殺婚儀の例を探して傍線部を引用している。それはとくに出典を記していないことからも、道長と源倫子の婚儀に関する自身の暦記から永延元年十二月十六日甲辰の記事を暦注ともども引用したものとみてよいであろう。これを原文のまま示す。

永延元年十二月十六日金〔火〕平甲辰、大歳對、月殺云々、吉、納財左京大夫道長通左府女。

現在では『小右記』のこの年の七月から十二月の記は伝わっていないが、『小右記』の中に引用された具注暦部分をも含む稀有な佚文といえよう。また点線部分の、

（十一月）廿六日庚辰、大歳前、天恩、月殺 嫁娶、納嫁〔婦〕吉、

は、彼が日記を書いている長元二年具注暦下巻から、嫁娶吉日とされた十一月二十六日庚辰の暦注を確認のため引用したもので、これも暦記の中に同年の暦日・暦注を引くというめずらしい記事である。

### (6)『春記』

実資の孫にあたる藤原資房の『春記』は、九条家本古写本及び「史料大成」が拠る旧鷹司本の長久元年十二月記の末に、「長暦三年十一月一日従五位下行暦博士賀茂朝臣道平」とみえる。これは具注暦巻末の御暦奏の日付と造暦者を記した暦跋を写したものであり、本記が具注暦に書かれていたことを証している。

### (7)『後二条師通記』

関白藤原師通の『後二条師通記』は年により本記と別記の二種の古写本があるが、本記永保三年（一〇八三）正月の前に、同年の日数、八将神の所在方位、月の大小などの暦序が記載されていること、ま

た別記の本文の多くに日付干支のあと「凶会」「九坎」「厭對」などの暦注記事や、年中行事を小書していること、裏書書写に際して「嘉保元年御暦裏」と記すことなどから、日記及び別記の原本が具注暦に書かれていたことは明らかである。なお子息忠実の『殿暦』康和三年八月十一日条にも、「裏書、今日初めて故二条殿の御暦日記を見る」とある。

### (8)『中右記』

院政期で最も大部な日記である藤原宗忠の『中右記』については、その寛治五年（一〇九一）十二月二十九日条の末に、「此の巻年少の間に注付するに依りて、旧暦中甚だ以て狼藉也。仍りて少将（藤原宗能）をして清書せしむ。但し寛治三年は自から清書する也。本暦記は破却し了る、皆見合わす也」とあり、寛治五年以前の暦記は狼藉であるとして嫡子宗能および自身が清書し直した上で本暦記を破却しており、もともと具注暦に日記をつけていたことが知られる。また保安元年（一一二〇）六月十七日条には、

> 今日私暦記を部類し了んぬ。寛治元年より此の五月に至る、卅（衍カ）日四年間の暦記也。合はせて十五帙百六十巻也。去々年より今日に至り、侍の男共を分かち、且は書写せしめ、且は切り続けしめ、その功を終へる也。これただ四位少将宗、若し奉公の志を遂ぐれば、公事に勤めしめんが為に抄出するところ也。他人の為には定めて嗚呼を表はすか。我家のために何ぞ忽忘に備へざるや。仍りて強ひて老骨を盡し部類するところ也。全く披露すべからず。凡そ外見すべからず、努力々々。若し諸

子の中、朝官に居る時は少将に借り見るべき也。

とあり、寛治元年からこの年に至る三十四年間の暦記を宗能の奉公のために部類し、これは他人の為ではなく我が家のためであること、庶子の間でも朝廷の官職に任ずれば宗能より借覧すべきであると述べており、貴族が日記や部類記を残す目的が端的に示されている。この部類記のもととなった暦記は、宗忠が具注暦に書いた日記や、前条のように清書したものを含んだものと思われるが、また陽明文庫蔵『中右記』古写本の日付干支の下に、「伐日」「欠日」「甘露日」「凶会日」「太禍日」等の暦注項目が記されており、このことからも原本が具注暦に書かれていたことがわかる。

なお祖父俊家の日記についても、『中右記』天永二年二月六日条に「晩頭大宮右大臣殿の暦記を書写し了る。合はせて卌巻、去年十月五日より書き始む。本書を以て経紙に用ゐるため也。これ故大納言（藤原宗俊）殿の御遺言有るに依る也。」とあり、二月二十六日条にも「今日故大宮右大臣殿の御暦、皆悉く破却し了る。これ経の料紙と成さんがため也。已に清書了りて破る也」とあり、父大納言宗俊の遺言により祖父大宮右大臣俊家の暦記・御暦の三十巻を破却して経紙の料に漉き直そうとしており、俊家の日記も具注暦に書かれていたことが知られる。

(9)　『殿暦』

藤原忠実の『殿暦』はその名称や古写本の形態から暦記とされる。(3)「大日本古記録」本の解説では、自筆原本は「具注暦（半年分一巻）に書込んだものと思われる。そのことは、此記が「殿暦」と称せられたこと、及び古写本に「裏書云」とあることによっても立証せられる」とし、この古写本（陽明文庫蔵、二十二冊本）は、もと半年分一巻を写したもので、「此古写本が底本としたのは、半年分一巻の具注暦、即ち自筆本ではなかったか」と述べている。

### ⑽『台記』

忠実の次子頼長の『台記』についても、「史料大成」が底本とする紅葉山文庫本の巻六冒頭に「久安二年〈具注暦日〉丙寅歳」、巻七冒頭に「久安三年暦、丁卯歳、凡三百五十五日」、巻九冒頭に「久安六年暦、庚午歳、凡三百五十四日」と具注暦の暦序冒頭がそのまま書写され、その巻九の末尾には、

久安五年十一月一日

正五位下行暦博士賀茂朝臣宣憲

正五位下行陰陽助兼陰陽博士賀茂朝臣在憲

正四位下行陰陽頭兼権暦博士備前権守賀茂朝臣憲栄

と暦跋が記されており、『台記』が具注暦に書かれていたことを明示している。

### ⑾『明月記』

藤原定家の『明月記』は自筆原本を自身・家人らが写した清書本がのこる。「史料纂集」第一所収の呉文炳氏所蔵「治承四五年」巻の治承五年（養和元・一一八一）記の冒頭に「治承五年具注暦日　辛丑歳／正月大／一日、戊申、土危、天晴、風寒」と、暦序と正月一日条に納音・十二直の記載があり、同年の日記原本が具注暦に書かれていたことを窺わせている。

### ⑿『安倍泰忠記』

鎌倉前期の陰陽頭安倍泰忠の日記には、養和二年春記の写本である『養和二年記』があるが[4]、鎌倉末頃に陰陽家安倍氏の反閇に関する記録を集めた若杉家文書『反閇作法幷作法』[5]に、「□□二戊子、二、八壬子、忌夜行、四不出日、滅門、／□四条殿御本所、予泰忠依軽服不勤御反閇」、さらに「嘉禄二丙戌、二、廿己巳、忌遠行、重復、今夜北白河院国母（藤原陳子）御入内、予長官泰忠参勤御反閇、参御所、」とあり、暦注情報とともに泰忠を一人称とする記録が、他にそれと推定されるものも含めて数条引用されている。陰陽師の『安倍泰忠記』も具注暦に書かれていたことが知られる。

### ⒀『葉黄記』

葉室定嗣の『葉黄記』は、南北朝期書写の伏見宮本の所々に暦注がみえ、原本が具注暦に書かれていたことがわかるが、さらに宝治元年（一二四七）四月一日条の肩に「今月の記は数月を経てこれを記す、且つ此の暦、在盛朝臣遅送の故也」と記しており、[6]当時陰陽博士で造暦宣旨を蒙る暦家でもあった賀茂在盛から暦の供給を受けていたこと、その遅延のため四月記は数か月後に記したとあり、自身で具注暦に日記を書いていたことを明らかにしている。なお、四月を以て画されていたことから彼の暦は一年分春夏秋冬の四巻であったこと、季別に送られてきたことが推測できる。

以上が管見の範囲で、写本に日記原本が具注暦に記されていたことが窺われる例であり、さらに調査を進めれば同様な例は増えるであろう。このようにみてくると、原本は残らずとも平安時代以降の多くの貴族たちが残した日記は、もともと具注暦に書かれた暦記であったと認めてよいと思われる。

### 具注暦に日記をつける理由

このように平安時代以降、貴族たちが記した日記は多く暦記であることを確認したが、『宇多天皇御記』あたりを嚆矢として九世紀末、十世紀初頭から天皇や貴族たちは日記を書き始め、ついで貴族の習慣として継承されて、その後に多くの日記が遺されることになった。

暦に記録を付けることは秦漢の地方少吏でも、奈良時代の写経所の官吏でも行っており、程度の差はあっても暦を所有すれば自らに関わる公私の行為をその隅に書き留める者は、決して少ないものではなかった。しかし、平安時代の貴族たちが世代を継いで習慣や半ば義務として具注暦に日記を書き留めるようになる要因は何であろうか。そこには日記を書く主体的な動機と、それが暦記であるという具注暦の素材としての問題が考えられる。

夙に玉井幸助氏は日記の展開について、「日記は事実の記録に発生し、事実を具注暦に書き込むことから日並の私日記が発生した」とし、その理由は「平安時代に入ると、朝廷の儀式典礼がますます複雑になり、何事も旧例に準拠する風習が重んぜられたので、日記は重要な位置を占めることになった」「宇多天皇の御代頃から延臣の私日記が隆盛を極め、毎日、日記を書くということがほとんど習慣のごとく[7]」なったとしている。

村井康彦氏は九世紀末から出現する私日記について、「その特徴は官より支給された具注暦に書き込まれた、いわゆる暦日記・暦記であったところにある。初期の日記が天皇（宇多・醍醐・村上）・親王（本康・重明親王）及び公卿などに限られているのは」頒暦の対象であったからに他ならないとし、また「暦日記が登場する背景には、九世紀末に至り顕著となった宮廷行事の整備と関心があり、行事があるごとに具注暦に当日の行事日記を書き留める習慣が生まれたものであろう[8]」とする。

両氏とも日記を書く風習は宇多天皇の頃から整備、重視された朝廷の儀式典礼、宮廷行事を暦に書き留めることに始まったものとしている。

また松薗斉氏は先行の諸説を整理した上で、九世紀末から十世紀に入って出現する日記の問題は、公事（政務・儀式）の道具として必要な種々の機能をあわせもった日記＝「王朝日記」として検討すべきこと、日記は、天皇・貴族たちが政務・儀式に参加するために必須な先例も含めた公事情報を蓄える一つの情報装置として捉える視点が必要であるとし、その上で宇多朝では王権の回復・確立の意図のもとに儀式の復興と整備がなされ、儀式を主導し公事を運営する天皇・貴族が公事情報を蓄積するための装置として採用したものとしている[9]。

公家日記の成立要因はそのような政治的・文化的事情が考えられるが、では何故この時期に具注暦に記されるようになったのであろうか。そのさい参考になるのが桃裕行氏の指摘である[10]。『御堂関白記』自筆本など平安中期以後の具注暦の多くは行間に二行以上の間明きを持ち、そこに日記が書かれている。桃氏は間明きの発生と日記の関係について、つぎのように指摘している。

宣明暦行用期の最古の暦である寛和三年（九八七）具注暦（九条本『延喜式』二十八紙背）は間明き一行をもつが、これは日記を書き込むためというよりは、源流を異にする朱書の暦注を記すのに、行間がこみあってきたためではなかろうか。いったん行を明けると、予定でも日記でも書きこむのに便利と気がついて、さらに間明きの行数をふやし、それにつれて、日記を間明き暦に書く風習が定着していったのであろう。その例が藤原道長の『御堂関白記』で、一四巻すべて間明き二行であり、そこに日記が書きこまれているのであるが、いちばん古い長徳四年（九九八）の暦では、間明き第一行には朱書の暦注が書かれ、第二行にはその日の年中行事が書かれ、自筆日記はきわめて簡単な記事が七月に数日分書かれただけだが、年が進むと第二行の年中行事がなくなり、ついで頭部に書かれ、それにつれて日記も詳しくなり、はじめは朱書の暦注の場所を避けて日記を書いていたのを、あとではその上にかまわず書くようになる。これからも、日記を書き載せる風習は、暦注などのために間明きを作ったことがさらに因をなしたものとしよう。

すなわち、暦の間明きは従来の暦注と源流を異にする朱書の暦注などを記すために設けられたと考えられ、その間明きができたことによって日記を書く習慣が始まったとする。

先に指摘したように朱書暦注は九世紀末頃から暦面に記されるようになったとみられる。すなわちこの時期に日本的な具注暦の成立があったが、それは日記が書き始められた時期と重なっていた。また年中行事も、仁和元年（八八五）に藤原基経が『年中行事御障子』を献上したとされるが、その成立を画期にして年中行事＝公事を共通規範とする天皇を中心とした宮廷社会が成立したとされ[11]、『九条右丞相遺誡』に年中行事を暦に記して毎朝これを見て兼ねて用意せよとあるのもこの意識に基づき、ともに日記の始まりと重なっている。

なおここで、間明き一行目の朱書暦注の位置を通時的に見ていくと、桃氏が指摘するように『御堂関白記』自筆本で初めの長徳四年具注暦や長保元年具注暦などで朱書暦注は間明き一行目の中央に書かれているが、終りの方の寛仁二年（一〇一八）から四年具注暦では右隅に書かれている。その後『水左記』の康平七年（一〇六四）具注暦以下ではさらに右に移動して暦日と間明き一行目の界線をまたぐようになり、ついに『大御記』の永保元年（一〇八一）具注暦では暦日の行内に移動して間明きはまったくの空白となり、それは十二世紀以後の具注暦でも同様であった。この位置の変化は、間明きを設ける目的が十世紀段階の朱書暦注を記載することから、十一世紀には次第に日記の書き込みを意識したものへと

具注暦における朱書暦注の位置の変化

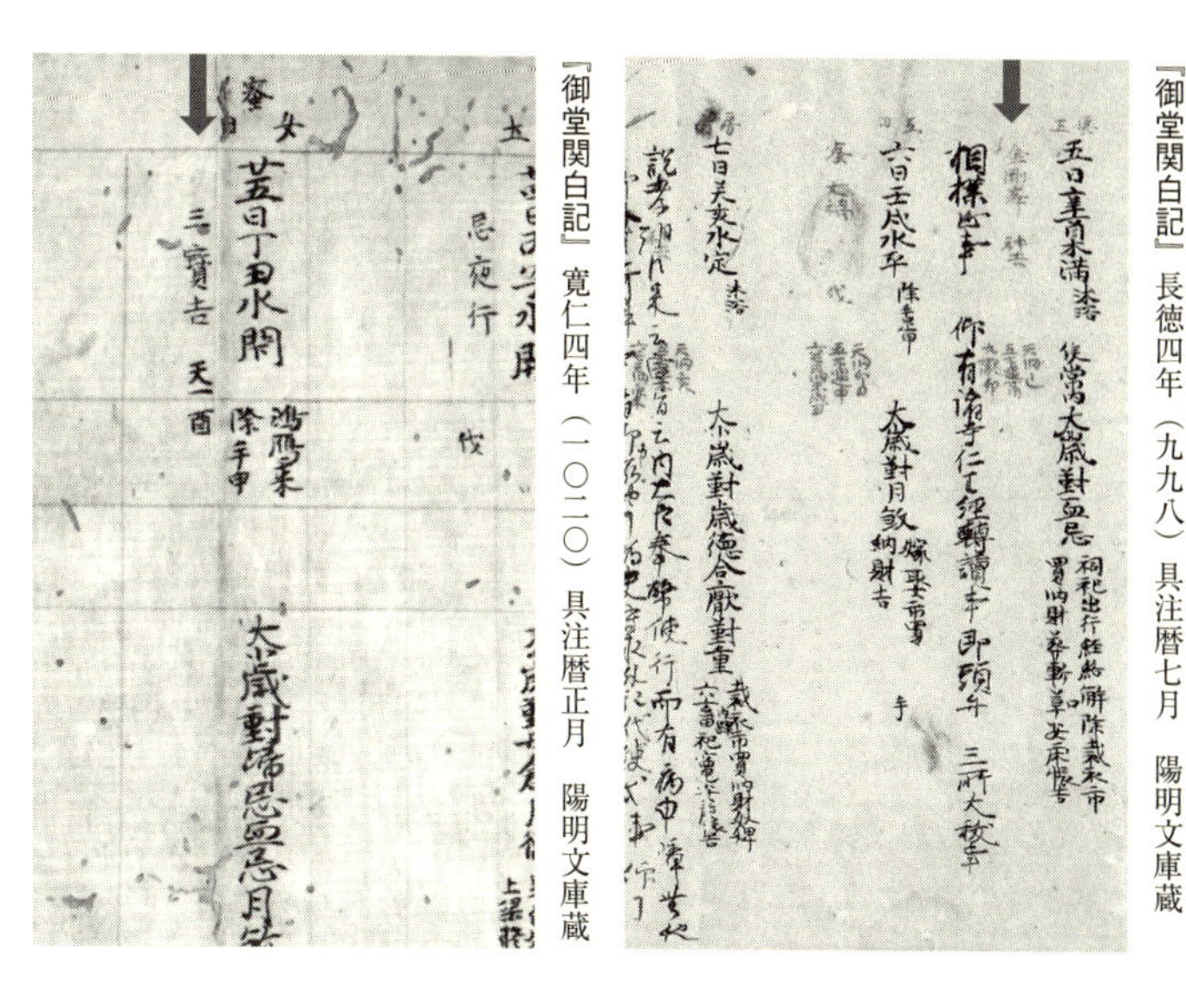

『御堂関白記』長徳四年（九九八）具注暦七月　陽明文庫蔵

『御堂関白記』寛仁四年（一〇二〇）具注暦正月　陽明文庫蔵

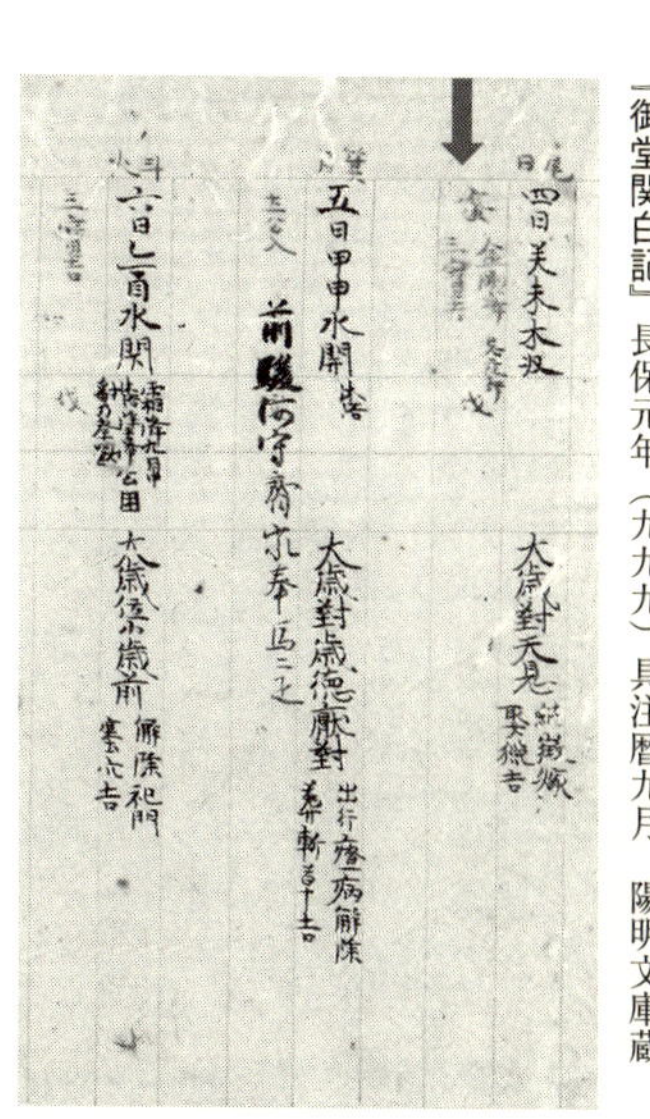

『御堂関白記』長保元年（九九九）具注暦九月　陽明文庫蔵

『水左記』承暦元年（一〇七七）具注暦十一月（公財）前田育徳会蔵

『大御記』永保元年（一〇八一）具注暦十二月　京都大学総合博物館蔵

変化していったことを反映する現象とみることができるのではなかろうか。

　これらのことから、この九世紀末の時期に朱書の暦注が加わったことが具注暦に間明きを設けることの必要性を呼び、暦に余裕ができたところで、天皇や貴族の朝廷儀式・年中行事への関心と主体的な関与を動機付けとして、その間明きに日記を書く行為が定着したものと考えられるのである。

　そうして十世紀前半には、『土佐日記』冒頭に、「男もすなる日記といふものを、女もしてみむとてするなり」とあるように、すでに「日記」を書く習慣は貴族社会にかなり浸透していたようであり、『九条右丞相遺誡』で、「また昨日の公事、若し私に止むを得ざることなど、忽忘に備へんがため、また聊か件の暦に注し付すべし」と、公事に備えて日記を付けるとする明確な認識が定着するのである。

そのご日記は『御堂関白記』や『小右記』のように、記主の官職や個性に関わりさまざまなものを生み、平安後期には朝廷の職務を担う貴族の家筋が定着したことを背景に、その職掌の保持と関わり家ごとに日記が書き継がれて行き、中世末までには二〇〇に近い日記の存在が確認されており、ここに日本独自の日記文化を形成することになるのである。

## 二　中世暦記の多様性

### 具注暦の間明きと記主

成立期である九世紀末、十世紀の暦記は、公事を主宰する天皇・摂関など貴族社会の上層部が記す例が多くみられたが、そのご次第に弁官・外記などの中下級貴族、神祇官人・陰陽師なども日記を記すようになる。松薗氏が指摘するように、十一世紀後半から官司請負制の展開や貴族社会の再編の中で形成されつつあった「家」と結びつき、父祖代々の日記を中心に一門・他家の主要な日記・儀式書類を「家記」として所有するいくつもの「日記の家」が形成され、儀式や職務の運営・保持と関わり社会的機能の一部を担うようになり、それにより世代を越えて日記が書き継がれていった[12]。

現存する暦記には、先述のように間明きを持つものとないものがあるが、では日記を書くことを目的とした具注暦において、間明きの有無や行数と記主との間に関係性は認められるのであろうか。

遠藤珠紀氏は中世における暦の普及と役割を検討された中で、暦跋や間明き、暦注項目の記載の精粗などに注目して所有層の分類を試みている。

暦跋は暦の末尾に記される前年十一月一日の御暦奏の日付、造暦者（暦博士や造暦宣旨を蒙る者、十一世紀中盤以降は賀茂氏）の連署を構成要素とする。遠藤氏はこれを、

①暦奏の日付・造暦者の連署があるもの——頒暦や陰陽師からの献上品をはじめとする比較的一次的な入手経路のもの

②暦奏の日付だけがあるもの——私的な書写暦

③暦奏以外の日付、またそれも無いもの——幾度も転写されたもの

の三つに分類された。その上で、中世前期の鎌倉・南北朝以前では、①の日付・連署型で、かつ間明きのある暦を使用できたのは天皇・摂関家などの上級貴族層に限られること、①で間明きのない暦は中下級貴族・寺社の広範囲で流通し、かつ中世のはじめから紙背の利用が多く見られるとする。なかでも藤原経俊・経光・兼仲、中原師守等、代々日記を記した実務官僚系の家では間明き暦、間明きなし暦の両暦を用い、また藤原経俊・兼仲らは②の日付のみ型の間明き暦を使用し、上級貴族の間明き暦とは入手経路が異なること、③は、地方寺社に見られるものであること。中世後期では日付のみの②が増加し、貴族官人の多くが私的ルートで暦を入手していた、等のことを指摘している[13]。

先にも述べた現存する暦記で間明きあり・なしの例をあげると、まず間明き暦では、藤原道長『御堂

関白記』(二行)、源俊房『水左記』(三行)、藤原為房『大御記』(二行)、守覚法親王『北院御室日次記』(五行)、近衛家実『猪隈関白記』(五行、三行)、近衛基平『深心院関白記』(五行)、西園寺公衡『公衡公記』(五行)、近衛道嗣『後深心院関白記』(二行)、洞院公定『洞院公定日記』(三行、二行)などがあり、摂関家を中心に上位の貴族が間明き暦を用いていたことが確認できる。頼瑜の『真俗雑記問答鈔』には、天皇や親王、摂関家では上下二巻、間明き二行の暦を用い日記を書く料としていたとするが、鎌倉時代には二行から五行とさまざまであり、また天皇・上皇の御暦も、『花園院宸記』『後宇多院宸記』『光明天皇宸記』は何れも間明き三行である[14]。

また遠藤氏が指摘するように、中世の暦には暦跋に暦家の連署のない日付のみのものがみられ、流通経路の多様性を窺わせている。そこで厚谷和雄氏編「暦史料編年目録稿[15]」をもとに、十世紀から十六世紀までの間で具注暦の巻末=年末部分を残す暦二六三巻を取り上げ、年代別に分類したのが表19である。このうち暦博士らの連署のある暦、①の割合を数えると、十・十一世紀では一〇〇%、十二世紀は八四%、十三世紀は七六%、十四世紀は六二%(前半は七六%、後半は四八%)、十五世紀は一九%となり、中世後期から半数以下、さらに一、二割に減少していく傾向がわかる。

それに対して②の日付はあるが署名のない暦の割合は①に反比例して年代ごとに増加し、中世後期には六、七割の多数を占めることがわかる。その中には、二次・三次の転写のさいに日付のみを残したものもあると考えられるが、署名を省くことの積極的意味を検討するさい考慮しておくべきことは、陰陽道で暦家賀茂氏と対抗関係にあった天文家安倍氏からも、先述の貞永元年(一二三二)頃に藤原経光に

表19　暦跋・年末部分を残す具注暦の年代別統計

| 年代 | 巻数計 | 日付と造暦者名を記す暦 | 日付のみを記す暦 | 記載のない暦 |
|---|---|---|---|---|
| 十世紀 | 4 | 4（御堂3他）〈100%〉 | | |
| 十一世紀 | 18 | 18（御堂11・水左6他）〈100%〉 | | |
| 十二世紀 | 25 | 21（伯家10・愚昧2・猪隈2他）〈84%〉 | 2〈8%〉 | 2（伯家・愚昧）〈8%〉 |
| 十三世紀 | 53 | 41〈77%〉 | 6〈11%〉 | 6〈11%〉 |
| 前半 | （29） | 22（伯家8・猪隈3・大乗院2・寺院5他） | 2 | 5（春記九条家本2・民経2他） |
| 後半 | （24） | 19（民経2・兼仲8・大乗院3・寺院5他） | 4（兼仲1・管見1他） | 1 |
| 十四世紀 | 90 | 56〈62%〉 | 23〈26%〉 | 11〈12%〉 |
| 前半 | （46） | 35（大乗5・実躬2・花園5・光明2・師守5・寺院4他） | 6（寺院6） | 5 |
| 後半 | （44） | 21（後深心17・寺院3他） | 17（寺院13・吉田3他） | 6（寺院4他） |
| 十五世紀 | 72 | 14〈19%〉 | 44〈61%〉 | 14〈19%〉 |
| 前半 | （42） | 13（満済7・看聞2他） | 21（寺院9・吉田2・教言2・満済1他） | 8（寺院4・満済2他） |
| 後半 | （30） | 1 | 23（綱光4・伯家2・管見2・大乗2他） | 6（管見2他） |
| 十六世紀 | 31 | 4〈13%〉 | 22〈71%〉 | 5〈16%〉 |
| 前半 | （22） | 2 | 17（管見6・伯家2他） | 3 |
| 後半 | （9） | 2 | 5 | 2 |

備考：算用数字は巻数を示す。日記名は御堂関白記は御堂、神祇伯家の日記は伯家等と略称し、大乗院具注暦日記は大乗、他の僧侶の日記は寺院と記した。

「行闕の御暦」の進上を約した安倍泰俊や、応永二十五年（一四一八）以降賀茂氏と競うように伏見宮貞成親王に新暦を献じた安倍泰継・有清の例があるように鎌倉時代以降盛んに安倍氏から貴族層へ暦が供給されているということである。

暦跋に署名を残すことは、暦道を管掌して造暦を行うという公的機能を担った暦道賀茂氏の存在を顕示する行為であるが、一方で安倍氏は造暦に関わらない以上暦跋に署名することはできず、また彼らが書写した暦に造暦者の名を記すことは陰陽道で対抗関係にある賀茂氏を顕彰する行為になり憚られたことであろう。よって中世で暦跋に署名のない暦の中には、安倍氏の手を経て供給された暦も多数あったと考えられる。

そのことは、安倍氏関係の史料で二次利用されている具注暦の存在からもうかがうことができる。一つは『反閇部類記』（京都府立総合資料館蔵、若杉家文書七五号）紙背の天福三年（一二三五）具注暦断簡（十一月七日から十一日まで存す、間明きなし）であり、二つめは『反閇作法幷作法』（若杉家文書七四号）付属文書「大刀契事」を記す正和五年（一三一六）具注暦断簡（七月十日から十四日まで存す、間明き三行、暦日を墨引きして余白に本文書を記す）である。前者は暦注下段の小字雑注について「加冠吉」を「加」、「裁縫吉」を「裁」と略して記し、後者は間明き三行ながら朱書暦注を欠くなど草案の類であるが、これらの草案の存在自体が安倍氏内で暦の書写が行われていたことを明示している。

## 暦と日記の分化

間明きのない具注暦の行間に日記が書かれているものでは、前述のように神祇伯の『顕広王記』『仲資王記』『業資王記』や、陰陽師某の『承久三年具注暦』などがあり、僧では『大乗院具注暦日記』の『信円記』『尋性記』『慈信記』などがあり、また三条公忠の『後愚昧記』も間明きはない。

間明きのない暦の紙背を翌年または数年後に日記の料紙とするものもあり、『兵範記』の仁平四年（一一五四）夏記は保延五年（一一三九）・七年暦の紙背を十数年後に使用したもので、その他三条実房の『愚昧記』、三条実躬の『実躬卿記』及びその子公秀の『公秀公記』なども後年利用の例である。間明き一行暦であるが九条教実の『洞院教実公記』寛喜四年（一二三二）夏記も翌年利用の例である。これらは暦を反故紙として利用したもので、巻子装であったから暦として使用したのちに紙背に日記を記すことは、保管・整理の上で都合がよいことであったろう。

ここに暦と日記の分化傾向が見られるが、より興味深いのは遠藤珠紀氏の指摘があるように、鎌倉時代には藤原（日野・勘解由小路）経光・兼仲父子のように一人で間明きあり・なしの両暦を用いる例である。経光の『民経記』は、安貞元年（一二二七）四月記は間明きのない暦の暦面を用い、書ききれない記事は暦を切り、前年の間明のない具注暦や反故紙の紙背を継いで日記を書いたが、途中からその切り継ぎ作業を省略するため、暦記と別に反故紙などを用いた日次記との併用が行われるようになった。寛喜三年（一二三一）以降は間明き暦を使用しかつ日次記との併用も続き、尾上陽介氏は暦記に私的記事や自ら出仕しなかった日の公事、日次記には公的記事を記すなどの書き分けがあること、また暦記と日次記の併用は『後二条師通記』や『深心院関白記』などにもみられ中世公家日記の一様式であると指摘している。[16]経光の暦記は、間明きなしの具注暦から、間明き二行・三行・一行と変化している。

その子息兼仲の『勘仲記』は、文永十一年（一二七四）の日記は間明き一行暦を用いているが、弘安四（一二八一）・五・六年記はそれぞれ前年の間明きのない暦の紙背を利用した。弘安七年（一二八四）記はまた間明き一行暦に記すが別に日次記との併用が確認されている。兼仲は間明き一行具注暦に暦記、前年の間明きのない暦の裏に日次記を書しており、遠藤氏は暦記は本人の心覚えであるのに対して日次記は後の参勘に必要な情報を記す意識があること、また正応元年（一二八八）の暦は間明き一行の暦（暦記）と、紙背に翌年の日次記を記した間明きなし暦の二暦を所有しており、間明き暦は粗雑な体裁

表20　『民経記』と具注暦記

| 嘉禄三年（一二二七）暦、4月5日、11月…12月29日暦跋 | 間明きなし | 暦面日記 |
|---|---|---|
| 寛喜三年（一二三一）暦、正月2日～6月29日 | 間明き2行 | 暦面日記 |
| 貞永二年（一二三三）暦、序正月1日～6月29日 | 3行 | 暦面日記 |
| 寛元四年（一二四六）暦、序正月1日～12月29日暦跋 | 1行 | 暦面日記 |
| 文永四年（一二六七）暦、序正月1日～12月30日暦跋 | 1行 | 暦面日記 |
| 嘉禄二年（一二二六）暦、序正月1日～2月17日 | なし | 紙背安貞元年記 |
| 文永六年（一二六九）暦、8月12日～9月26日 | なし | 紙背文暦元年記 |
| 文永九年（一二七二）暦、序正月1日～25日 | なし | 紙背別記 |

備考：暦残存期間の…は欠損があることを示す。

表21　『勘仲記』と具注暦記

| | | |
|---|---|---|
| 文永十一年（一二七四）暦、序正月1日～12月30日暦跋 | 間明き1行 | 暦面日記 |
| 弘安三年（一二八〇）暦、序正月1日～12月29日暦跋 | 間明きなし | 紙背弘安4年記 |
| 弘安四年（一二八一）暦、序正月1日～12月29日暦跋 | なし | 紙背弘安5年記 |
| 弘安五年（一二八二）暦、序正月1日～12月29日暦跋 | なし | 紙背弘安6年記 |
| 弘安七年（一二八四）暦、序正月1日～12月29日暦跋 | 1行 | 暦面日記 |
| 弘安十年（一二八七）暦、序正月1日～12月30日暦跋 | なし | 紙背正応元年記 |
| 正応元年（一二八八）暦、序正月1日～12月29日暦跋 | 1行 | 暦面日記 |
| 正応元年（一二八八）暦、序正月1日～12月18日 | なし | 紙背正応2年記 |
| 正応六年（一二九三）暦、序正月1日…12月30日暦跋 | なし | 紙背永仁2年正月記 |
| 永仁二年（一二九四）暦、序正月1日～12月29日（日付のみ） | 1行 | 暦面日記 |
| 永仁七年（一二九九）暦、4月13日…9月11日 | なし | 紙背正安2年記 |
| 正安二年（一三〇〇）暦、正月6日～7日 | 1行 | 暦面日記 |

で暦注の記載は簡略であり、また年中行事の記載がないことから、間明き暦が日記帳の要素を持ち、間明きなし暦はカレンダーとして使用したものとみている[17]。

同様な問題は勧修寺流の藤原（吉田）経俊の『経俊卿記』（『吉黄記』）でもみられる。表23に記したように『経俊卿記』の自筆原本は嘉禎三年（一二三七）から弘長二年（一二六二）までの間、十年分が断続的に残されている。最初の嘉禎三年十二月記は間明き二行暦を使用し、切り継ぎ紙に同年の間明きのない暦の紙背を利用している。この年経俊は暦記用とカレンダー用の二種の暦を持っていたようであるが、間明き暦の巻末には三行の余白を残しながら暦跋はなく、暦家から供給されたものではないようである。翌嘉禎四年（暦仁元年）四月記は、嘉禎三年の間明きなし暦の紙背と四年前の天福二年（一二三四）の間明き三行暦の紙背、反故消息類の紙背を用いており、その年は間明き暦を使用できなかったようである。その後十五年を経て、建長五年（一二五三）正月記は当年の間明きなし暦の紙背を利用し、十二月記は間明き三行暦の暦面に日記を記している。

翌年彼は左中弁から左大弁に転じ、その年からはほぼ安定的に間明き暦を利用しているが、建長六年秋の暦は、総じて書写は雑であり、巻末の九月三十日晦日条末尾には罫線のみ十五行分が余分に付されており、暦家から供給されたものでなく書写した暦と推測される。さらに建長八年からは摂関家並みの間明き五行暦を使用し、一年分春夏秋冬の四巻に分けられたようであるが、康元二年暦（一二五七）春巻と弘長二年（一二六二）春巻は暦注を略すところが多い不完全な暦とみられ、これを日記用の暦としているので、カレンダーとしての暦は別に所有していたと考えられる。このようにみると、経俊が日記の料紙に用いた間明き二行・三行、ついで五行の具注暦は暦家以外で私的に書写されたものと推測される。

また外記局務家の中原師守の『師守記』では、建武六年（一三三九）から暦応四年（一三四一）記は前年の間明きのない暦の紙背を用いたが、その後貞和二年（一三四六）から貞和五年まで間明き三行の暦を得て日記を記している。

表22　『師守記』と具注暦記

| | | |
|---|---|---|
| 建武五年（一三三八）暦、序正月1日～23日、正月24日～12月30日暦跋 | 間明きなし | 紙背暦応2年秋冬記 |
| 暦応二年（一三三九）暦、序正月1日～12月30日暦跋 | なし | 紙背暦応3年秋記 |
| 暦応三年（一三四〇）暦、2月15日～12月29日暦跋 | なし | 紙背暦応4年2・3月記 |
| 貞和二年（一三四六）暦、正月2日～2月6日、5月1日～24日 | 間明き3行 | 暦面日記 |
| 貞和三年（一三四五）暦、序正月1日…、…12月29日暦跋 | 3行 | 暦面日記 |
| 貞和五年（一三四七）暦、正月9日…閏6月30日、…12月30日暦跋 | 3行 | 暦面日記 |

表23　『経俊卿記』自筆本と具注暦

| 日記原本の記載期間 | 暦面・紙背の別 | 間明き | 備考 | 経俊の年齢、官職 |
|---|---|---|---|---|
| ①嘉禎三年（一二三七）12月24-30日（伏） | 暦面 | 2行 | 末尾3行空行、暦跋なし<br>継ぎ紙に当年0行暦紙背使用 | 24、右衛門権佐 |
| ②嘉禎四年（一二三八）4月7-24日（伏） | 紙背（嘉禎三年暦）<br>紙背（天福二年暦） | 0行<br>3行 | | 25、左衛門権佐 |
| 暦仁元年（一二三八）11月1-24日（伏） | ― | ― | 反故消息類の裏使用 | |
| ③建長五年（一二五三）正月1-4日（伏） | 紙背（当年暦） | 0行 | 暦跋あり | 40、左中弁 |
| 12月1-25日＊1（歴） | 暦面 | 3行 | | |
| ④建長六年（一二五四）7月1日-9月30日（伏） | 暦面 | 3行 | 末尾15行空行、暦注省略あり | 41、左大弁 |
| ⑤建長八年（一二五六）4月5-29日（伏） | 暦面 | 5行 | | 42、蔵人頭・左大弁 |

| | | | | |
|---|---|---|---|---|
| 5月1日-6月29日（伏） | 暦面 | 5行 | 末尾15行空行 | |
| 8月1日-9月24日（伏） | 暦面 | 5行 | | |
| ⑥康元二年（一二五七）3月1-4日＊2（陽） | 暦面 | 5行 | 朱書暦注退色、暦注省略あり | 43 |
| 3月7日-閏3月30日（陽） | 暦面 | 5行 | 同、　同 | |
| 正嘉元年（一二五七）4月1日-6月22日（伏） | — | — | 反故消息類の裏使用 | |
| 7月12日-9月30日（伏） | 暦面 | 5行 | 暦注省略あり | |
| ⑦正嘉二年（一二五八）3月24-29日（伏） | 暦面 | 5行 | 末尾16行空行、暦注省略あり | 44 |
| ⑧正元元年（一二五九）4月17日-6月14日（伏） | 暦面 | 5行 | 暦注省略あり | 45、参議・左大弁従三位 |
| ⑨文応元年（一二六〇）7月20日-9月27日（伏） | 暦面 | 5行 | | 46 |
| ⑩弘長二年（一二六二）2月1-4日＊3（陽） | 暦面 | 5行 | 朱書暦注退色＊4 | 48、権中納言正三位 |

〔註〕　本記は図書寮叢刊本で暦注を含めて翻刻されているが、＊1・2・3は同書では未収。のちに＊2は、飯倉晴武「経俊卿記補遺」（『書陵部紀要』二七、一九七六年）で翻刻されている。＊4の知見は東京大学史料編纂所蔵の写真による。（伏）は書陵部蔵伏見宮本、（陽）は陽明文庫本（吉黄記）、（歴）は国立歴史民俗博物館所蔵本を示す。0行は間明きなしの暦を示す。

これまで現存する中世前期までの暦記から間明きの有無と記主との関係をみてきたが、遠藤説を参考にしながらその傾向をうかがうと、つぎのようにまとめることができよう。

(a)安定的に二行もしくは三行・五行の間明き暦を使用できたのは、毎年暦家賀茂氏から間明きを調整して献上された天皇・院、摂関家など上層貴族たちであった。

(b)間明きのない暦の暦面に日記を残し、時に紙背に及ぶ利用者としては神祇伯家・僧・陰陽師らの
　専業職能層が多くみられる。
(c)間明きのない暦を利用したあと、後年その紙背を日記を書く料紙として使用したものに、三条実
　房や三条実躬・公秀父子（ともに精華家）などがみられる。
(d)当初は主に間明なし暦の紙背を利用し、その後間明き暦に日記を残すなど結果的に両暦を用いた
　ものに、藤原氏勧修寺・日野流（ともに名家）、局務家の中原氏などの実務官僚層がある。

およそこの四つの傾向が看取できるように思われる。そこには、書き残す日記の内容や分量にも関係する家柄・職能に応じた具注暦使用の傾向が窺えるのではなかろうか。当然記主の個性もあり必ずしも一様ではないが、(b)の専業職能層でいえば、僧侶や伯家・陰陽師の日記では職務に関することや記主の周辺の出来事などが短めに記されていることが多い。それは僧侶であれば経典や修法に関する先例・行法・師説口伝などを記した聖教が、陰陽師であれば反閇や祭祀の次第書、祭文集、日時禁忌の先例勘文集などの抄物がほぼ定式化された職務の基盤にあり、子弟に伝える必須の知的資産であって、日記に多くの情報を書き留める必要性は薄かったことが考えられる。

また(d)の実務官僚層は弁官・蔵人や外記として宮廷・太政官の儀式や政務の枢要を勤め、さらに摂関家の家司、院司などを兼務しその諮問に応える職掌上、諸行事の先例、関係文書の引勘、その場の参会者や次第等、日記に残し伝えるべき情報は多かった。しかしその一方で、貴族上層ほど暦家に間明き暦を毎年献上させるほどの地位ではなく、若年の間は間明きなし暦や過年度の暦の紙背を用い、官職の上

昇とともに暦家以外の陰陽師、とくに天文家の安倍氏、または自家で間明き暦を書写させて利用する場合が多かったのではなかろうか。彼らの所持した具注暦が間明き行数、暦跋、暦注にわたり多様であること、そこに勧修寺・日野流藤原氏や中原氏等、世代を越えて日記を書き継いだ典型的な「日記の家」の一側面を窺うことができると思われる。

### 暦家賀茂氏と「官暦」

最後に暦跋の有無に関係して、暦道賀茂氏がもつ官暦意識それに関わる後の事件について記しておこう。

中世の京都で暦は賀茂氏が実際の造暦を行いながら陰陽師安倍氏などもこれを書写し、さらにそれが転写されて貴族間に出回っていたが、奈良では賀茂氏の庶流幸徳井家が南都暦を出し、一方で十五世紀中ごろから木版刷りの仮名暦が暦の専売組織である摺暦座から民間へも出回るようになり、その本所は賀茂氏勘解由小路（かでのこうじ）家であった。

賀茂氏は十一世紀中ごろから暦博士を独占して世襲するとともに、博士以外にも造暦宣旨を獲得して一族で造暦を請負い、鎌倉後期に賀茂氏は大きく四流に分かれた。その中から室町前期に勘解由小路家が堂上家となり主流を形成したが、暦跋に署名することは賀茂氏による暦道掌握を象徴する行為であった。

既述のように朝廷の御暦奏の儀は十世紀末には形骸化し頒暦が奏上されなくなるが、冬至と十一月朔が重なる十九年毎の朔旦冬至の旬には、御暦とともに太政官局・外記局各三巻、殿上分一巻の計七巻の頒暦が作られ、暦道はこれを舁いて内裏に奏上するという盛儀に加わる栄に浴した。安倍氏が陰陽頭に在任したときしばしばこれに介入しようとしたが、仁治元年（一二四〇）の朔旦冬至の旬儀をめぐる相論で、『百錬抄』十一月一日条に「朔旦冬至也。御暦の案権暦博士定昌已下これを舁く。安倍氏舁くべからざるの由、賀茂氏群訴の故なり」とあるように、賀茂氏の総意を以て御暦奏の場から安倍氏を排除することに成功していた[18]。

その後室町時代に入り、宝徳元年（一四四九）の朔旦冬至のさいにも『康富記』十一月二十一日条に、暦家賀茂在盛から外記局へ暦が贈られたことを記して「今月一日暦道より局務へ渡す暦二巻これ在り。一巻を取り出し引物と称しこれを賜ふ。悦喜せしむるもの也。此の暦は上古は処々へ班ち進めらると云々。（中略）件の暦は年号の奥に連署有るもの也」とある。その暦は往古の頒暦であり、また賀茂氏から奏上された御暦や貴族へ直接献ぜられた暦と同様に巻末に年号と造暦者の連署、すなわち暦跋あるもので、中原康富はことさらにそこに注目している。

さまざまな書写暦が出回る中で、暦跋のあるものがとくに珍重されたことはつぎの史料にも見える。国立天文台本『宣明暦』巻頭の「暦道口義発題」には、十六世紀前期の禅僧で易・医・暦算・天文に通じた一栢（一栢老人・谷野現震）の言を引用している。

令に曰く、昔は一家両道を兼ぬ、これ保憲卿の事也。然りといへども天文・暦数の二道たるは、皆これ陰陽寮の内職也。故にその職員は即ち同掌也。この故を以て賀家の主張よりこれを出づれば、これを官暦と謂ふ、その年号の下に判をくわふる者なり、勅宣の博士たるの故也。その末葉より出る者は、これを凡暦と謂ひ、その年号の下に判を加へざるは、私本たる故也。この故に今往々に在るところは、皆これ凡暦と称し、判を加へず。院宣の筆者は従三位藤原親経卿也、と云々。「越の雲庵栢聖人私に言はく、予洛下において礼記を講ずる時、吉備大臣二十五代の孫と云ふ上行二位左大弁賀茂大史大江在重家において槫〔傳カ〕ふと云々。その書は三十巻なり。」（「　」内は大振りに書されている）

賀茂保憲以来、暦道賀茂氏は勅宣を受けた博士であり、その出す暦には年号と署名、すなわち暦跋があり、このような暦を「官暦」という。世に往々に見受ける年号の下に署名のない暦は私暦であり、これを「凡暦」と云うとする、賀茂氏の側に立った暦道の正統性を述べている。賀茂氏は中世には吉備真備の子孫を称しており、「上行二位左大弁」の官位は不審であるが賀茂在重は永正十四年（一五一七）に非参議従三位で没している。十六世紀初頭頃に一栢が京都で『礼記』を講じていた折にそのような暦道賀茂在重と交流をもち、そのもとで『宣明暦』関係の暦書三十巻の伝授を得たということを示す題辞であろう。

この「官暦」についてもう一つ興味深い事件があった。天正十年（一五八二）六月、織田信長は天下統一を目前にして本能寺の変で倒れるが、その年のはじめに信長は京暦の改定を朝廷に要求していた。

京暦ではこの年閏月はなく翌年正月のあと閏正月を置いたが、尾張の暦ではこの年十二月に閏を置いていた。そこで信長は安土城に双方の造暦者を呼んで対論させた。

京都では賀茂在重の後を受けた非参議従二位勘解由小路在富が永禄八年（一五六五）に後継者がないまま没して暦道賀茂氏は断絶し、そののち造暦は天文道の安倍（土御門）久脩と在富から勘当されていた賀茂在昌が当っていた。

対論は決着をみず、帰洛した久脩の報告を受けた勧修寺晴豊の『勧修寺家御記』同年二月三日条には、つぎのようにみえる。

天晴。土御門治部大輔（久脩）あつちより罷上候。暦、当年十二月閏あるへきとの義也。尾張の暦作りあるよし申候。算たんあり。うちつき申さす候。（中略）近衛殿（前久）より召候て、藤中納言（藤原基孝）、余、中山（親綱）、広橋（兼勝）参候。暦義、安土にて種々有之。尾張の暦作りハ官暦と申物にて作り申候。両家ハ宣明暦にてけんきやう（見行）をつくり申候也。

尾張の暦作りは「官暦」によってこれを作り、安倍・賀茂両家は『宣明暦』により暦計算稿の見行草を作り造進したものという。桃裕行氏[19]はこの官暦とは何か解し得ないとしながら、この年越後・信濃以東の多数の文書では閏十二月があり、関東で広く用いられていた伊豆三島の三島暦によるものであろうとした。木場明志氏[20]は天正十年正月当時、信長は信濃を攻めており、東日本制圧を目前にした信長にとって平定後の支配地域での暦日の統一が重要施策であったこと、京暦改定を要求することで朝廷の権威を挫く意図があったこと、などを指摘している。

この尾張の暦作りについて、信長から京都の造暦者を糾明するように求められた前関白近衛前久は、吉田兼見の『兼見卿記』天正十年二月四日条で、つぎのように語ったという。

> 御雑談に云はく、当年閏月の義の有無、濃尾の暦者は、これは唱門師也。京都の有〔在〕富の末孫か、有〔在〕政、久脩は安土に罷り下り糺決することあり、双方は治定せず。然る間に京都において暦仕〔師カ〕は、近衛殿へ召し寄せられ糺明あるべきの由、信長は近衛殿へ申さるる也。来七日その沙汰あるべきの由也。

ここでは「濃尾の暦者は唱門師」であるという。唱門師とは民間陰陽師の別称であるが、京都の造暦者土御門久脩・賀茂在昌との間で暦論を競っているのであるからそれなりの暦算知識はあったとみてよい。そして彼らは京都の賀茂氏勘解由小路在富の末孫かとされ暦道関係者とみられていた。

暦道賀茂氏は在富の代で断絶していた。尾張の暦作りが暦算の根拠とした書はなお明らかではないが、「官暦」と称したのは暦法上の問題ではなく造暦の正統性を述べているのではなかろうか。『宣明暦』暦道口義発題で、「賀家の主張よりこれを出づるは、これを官暦と謂ふ」とある意識とつながる可能性が考えられる。両者は暦論ではなくその正統性を主張しあった可能性が考えられるであろう。

# おわりに　—暦と日記—

このシリーズのテーマは「日記で読む日本史」である。本書は、日記と具注暦の不可分な関係を明らかにすることを課題としたのであるが、具注暦それ自体がどのような展開と内容をもつものであるか、これまで必ずしも十分に知られていないため、多くその説明に費した観がある。おわりにあたり、これまで本書で述べたことを振り返り、具注暦と日記の問題を主題としてまとめておきたい。

中国では早くから六十干支をもって年月日を表す干支紀年・紀日法を使用していたが、その一方で戦国末頃から五行説により十干・十二支で日にち時間や方位の吉凶を説く「日書」が官人層に広く利用されていた。干支を共通とする両者は容易に結びつき、漢代には原初的な具注暦が作られ、隋唐までには暦にさまざまな注記を施し定式化した具注暦が成立した。中国の具注暦は唐代には版行され、宋代以降は変遷を経て清の時憲書にいたる。日本で行われたのは唐代の具注暦の形式だった。

倭の王権は五世紀頃の大陸との交渉の過程で暦知識を受容し、七世紀初頭に造暦法が百済から伝えられて持統朝には暦の頒布も行われるようになる。形式もしばらく唐とほぼ同様な暦序に暦注の解説、暦日の下に多数の吉凶の注記をもつ具注暦が行われていた。そのことは敦煌出土の暦と正倉院にのこるほぼ同時代の暦の比較検討によって知られる。

しかしそのご、日本の具注暦は、九世紀末に『宿曜経』や他の五行書を典拠とする新たな〈朱書の暦注〉が多数追加されて中国の暦と異なる様相を呈することになった。日本的な具注暦の成立と言ってよい。暦注増加の背景には、律令制の支配が衰退する中で不安感にあおられる貴族層の吉凶禁忌観念の高揚と、これを主導した陰陽師たちによる活動、いわゆる陰陽道の成立があった。

そして具注暦は形態の上でも変化があり、新たな暦注の増加により暦日の行間に二行の〈間明き〉が設けられることになった。それは唐代以降の木版暦とは異なり書写暦であるゆえに可能なことでもあった。その間明きスペースは暦の所有者に所要事項を書き込む意欲を喚起するものとなったことであろう。

もともと暦の利用法として、漢代の地方少吏が竹簡暦に簡単に公私の行動を書きとめ、奈良時代の写経所の官人も使用した天平十八年具注暦（正倉院文書）に公私にわたる記事を書き込んだように、日々参照する暦の機能を考慮すれば、古代の中国・日本とも暦を所有した官人たちが備忘のため日記を書きつけていた可能性はおおいに考えられる。十七世紀李朝の官人たちも行の狭い木版暦の界線上にその日の出来事などを短く記していた。

しかし九世紀末、十世紀初頭から天皇や貴族の多くが継続的につけ始める日記はそれらと異なり、政務の内容や儀式次第にわたる詳しいものが多かった。それは政務や儀式の復興整備期であったこの時代の要請に応ずるとともに、諸種の公事情報を蓄積して職務を主宰し関与すべき家の子孫への知識継承に資することを目的とするものであった。

暦のもつ本来的な機能の上に、ちょうどその時期に設けられた〈間明き〉を得て日記を書くための利便性が加わり、さらに公事―朝廷の政務や行事の故実作法に関わる情報を書き継ぐという明確な目的意識が重なった。これらを契機として暦に日記を書き込む行為が天皇・貴族の間で慣習化したと言えるであろう。

別の言い方をすれば、九世紀末ごろ具注暦に朱書暦注という日本的変更がなされ、間明きという「舞台」ができ、朝廷政務・行事への関心と情報を蓄積するという課題、「動機」が加わり、ここにたんにメモ・覚え書きとは異なる日本独自の日記文化が形成されたと言える。

このようにして、平安中期以降多くの貴族が日記をのこすことになる。自筆本を存す『御堂関白記』『水左記』などばかりでない。写本で伝わる日記もその原本が具注暦に書かれていた暦記であることを示す徴証が多くあり、実際に古代中世の大多数の日記は具注暦に記されたことが知られるのである。

中世にも暦記は多数のこされている。ただしこれを用いる記主たちの階層・職務の相違により、暦が供給される経路、暦の間明きの有無と行数、さらには記入情報の内容や分量なども異なることが多かった。私の中世暦記の検討は、先学に導かれその状況を窺ったに過ぎないものであるが、そのような具注暦と日記に関わる多彩なあり方は貴族社会の重層性を反映するものでもあり、その面から王朝貴族の日記の性格も検討されるべき課題である。

六国史が途絶えて以降、個人の日記が多く伝わり、日記・古記録は日本史の主要な史料分野となっている。これだけ多くに日記をのこす国はないであろう。日本は「古暦の国」であるとともに「日記の国」でもあったといえる。

# 注

〈第一章〉

（1）藪内清『中国の天文暦法』序論、第三部暦の計算（平凡社、一九六六年）、橋本敬造「中国天文学史再見」（中山茂編『中国天文学史』所収、恒星社厚生閣、一九八二年）、川勝義雄・橋本敬造訳「漢書律暦志」（藪内清責任編集『中国の科学』所収、中央公論社、一九七九年）等参照。

（2）工藤元男『占いと中国古代の社会』（東方書店、二〇一一年）、以下この節では本書を参照したところが多い。

（3）湖北省荊州市周梁玉橋遺址博物館『関沮秦漢墓簡牘』（中華書局、二〇〇一年）。

（4）江蘇省連雲港市博物館・東海県博物館・中国社会科学院簡帛研究中心・中国文物研究所編『尹湾漢墓簡牘』（中華書局、一九九七年）。

（5）高村武幸「秦漢地方官吏の「日記」について」（『漢代の地方官吏と地域社会』汲古書院、二〇〇八年、初出は二〇〇二年）。

（6）工藤元男前掲注2書、第二・三章。近年出土の日書については、大野裕司「新出土資料と中國古代術數研究」（『戦国秦漢出土術數文獻の基礎的研究』二〇一〇年、北海道大学出版会、初出は二〇〇九年）を参照。

（7）大野裕司「中國古代の神煞—睡虎地秦簡『日書』を中心にして—」（前掲註6書、初出は二〇〇七年）、工藤元男「具注暦の淵源—「日書」・「視日」・「質日」の間—」（『東洋史研究』七二巻二号、二〇一三年）。居延・敦煌漢簡中の暦注を付す暦資料は、高村武幸「中国西北部烽燧遺址出土漢簡に見える占術・暦注関係簡牘の集成と注釈」（明治大学大学院『文学研究論集』第八号、一九九八年）に整理されている。また以下の中国の暦資料に関しては、『中國科學技術典籍通彙』天文巻一（河南教育出版社、一九九三年序）、敦煌暦については西澤宥綜『敦煌暦学綜論─敦煌具注暦日集成─』上中下巻（私家版、二〇〇五～六年）を参照。

（8）虎尾俊哉『延喜式』（吉川弘文館、一九六四年）一二四頁、広瀬秀雄『暦』（日本史小百科5、近藤出版社、一九七五年）六二頁、岡田芳朗「日本における暦」（『日本歴史』六三三号、二〇〇一年）など。

（9）山下克明「頒暦制度の崩壊と暦家賀茂氏」（『平安時代の宗教文化と陰陽道』岩田書院、一九九六年、初出は一九八六年）。

（10）『大日本古文書』巻二─五七〇、巻三─三四七、巻四─二〇九頁。

（11）『大日本古文書』巻一六─二三頁。

（12）佐藤信「遺跡から出土した古代の暦」（『東京大学公開講座　こよみ』所収、東京大学出版会、一九九九年）。

（13）竹内亮「木に記された暦─石神遺跡出土具注暦木簡をめぐって─」（『木簡研究』二六輯、二〇〇四年）。

（14）工藤元男『睡虎地秦簡よりみた秦代の國家と社會』（創文社、一九九八年）一九〇頁。

（15）岡田芳朗「現存古暦」（岡田他編『日本暦日総覧』古代中期編、巻一、本の友社、一九九三年）。

（16）東野治之「具注暦と木簡」（『日本古代木簡の研究』塙書房、一九八三年）所収。

（17）林陸朗「正倉院文書中の具注暦」（山中裕編『古記録と日記』上、思文閣出版、一九九三年）。

〈第二章〉

（1）『九条家本延喜式』四（東京国立博物館古典籍叢刊4、思文閣出版、二〇一五年）に影印所収。また『大日本史料』第二編之一、永延元年雑載に翻刻がある。

（2）『御堂関白記』は『陽明叢書』記録文書篇1から5（思文閣出版、一九八三～八四年）に自筆本・古写本の影印があり、具注暦はこれを参照した。また日記本文は大日本古記録本による。

（3）中村璋八『日本陰陽道書の研究』（汲古書院、一九八五年、増補版、二〇〇〇年）。

（4）山下克明「陰陽道の典拠」「『貞信公記』と暦について」（『平安時代の宗教文化と陰陽道』前掲、初出はそれぞれ一九八二年、一九八四年）。
（5）『阿娑縛抄』巻一四三、星（『大正新脩大蔵経』図像部第九巻）、この論争に関しては山下克明「宿曜道の形成と展開」（『平安時代の宗教文化と陰陽道』前掲、初出は一九九〇年）参照。
（6）矢野道雄『密教占星術』（東京美術、一九八六年）一二一頁。
（7）『類聚国史』巻一四七、文部下、撰書、および『本朝書籍目録』陰陽の部。
（8）『陰陽略書』（中村璋八『日本陰陽道書の研究』前掲、所収）。
（9）陰陽道の成立については山下克明『陰陽道の発見』（ＮＨＫ出版、二〇一〇年）を参照。
（10）『大日本古文書』巻二一―五二六頁。
（11）山下克明『平安時代の宗教文化と陰陽道』（前掲）第一部第三章参照。
（12）『北斗護摩集』については山下克明「密教修法と陰陽道」（『平安時代陰陽道史研究』所収、思文閣出版、二〇一五年、初出は二〇一二年）、「潤底隠者薬恒について」（『史聚』五〇号、二〇一七年）で若干の解説を行っている。
（13）実運撰『諸尊要鈔』第十北斗妙見所引「香隆寺指尾法」（『大正新脩大蔵経』巻七八、三一三頁ｂ）参照。
（14）藤枝晃「敦煌暦日譜」（『東方学報』京都、四五冊、一九七三年）、西澤宥綜『敦煌暦学綜論―敦煌具注暦日集成―』中巻（私家版、二〇〇五年）。
（15）『入唐五家伝』五、霊巖寺和尚伝（『大日本仏教全書』所収）、『野沢血脈集』巻一円行和尚（『真言宗全書』所収）参照。
（16）『御堂関白記』は『陽明叢書』記録文書篇、第一輯（思文閣出版、一九八三年）による。
（17）藤本孝一『国宝『明月記』と藤原定家の世界』（臨川書店、二〇一六年）七八頁。
（18）大日本古記録『御堂関白記』下（岩波書店、一九五四年）の解題による。
（19）藤本孝一「頒暦と日記」（『中世史料学叢論』思文閣出版、二〇〇九年、初出は一九八五年）。

(20)図書寮叢刊『九条家歴世記録』一(明治書院、一九八九年)所収。
(21)『平安遺文』第一〇巻、補一九三。
(22)尾上陽介『中世の日記の世界』(山川出版社、二〇〇三年)、遠藤珠紀「中世における具注暦の性格と変遷」(『中世朝廷の官司制度』吉川弘文館、二〇一一年、初出は二〇〇三年)参照。
(23)遠藤珠紀「局務公事情報と中原氏」(前掲書、初出は二〇〇四年)参照。
(24)毘沙門堂蔵、京都国立博物館寄託。村山修一「公刊『洞院公定日記』(毘沙門堂所蔵)」(『女子大文学』一五号、一九六三年)で翻刻されている。
(25)『平安遺文』九巻四六二三号「大宰府政所牒案」。
(26)宿曜道については、桃裕行「日延の符天暦齎来」、「宿曜道と宿曜勘文」(『暦法の研究』下、桃裕行著作集8、思文閣出版、一九九〇年、初出はそれぞれ一九六九・一九七〇年)、山下克明「宿曜道の形成と展開」(『平安時代の宗教文化と陰陽道』、前掲、初出は一九九〇年)。
(27)厚谷和雄編「暦跋編年集成稿」(『具注暦を中心とする暦史料の集成をその史料学的研究』二〇〇六〜二〇〇七年度科学研究費補助金・基盤研究(c)研究成果報告書、研究代表者厚谷和雄、二〇〇八年三月)に現存具注暦の暦跋が集められている。

〈第三章〉
(1)『日本古代政治社会思想』(日本思想大系8、岩波書店、一九七九年)による。
(2)桃裕行「『御堂関白記』の暦」(『暦法の研究』上、桃裕行著作集7、前掲)。
(3)倉本一宏『藤原道長「御堂関白記」を読む』序章『御堂関白記』とは何か(講談社、二〇一三年)。
(4)物忌に関しては小坂眞二「物忌と陰陽道の六壬式占」(古代学協会編『後期摂関時代史の研究』吉川弘文館、一九九〇年)参照。
(5)『日本暦日総覧』古代後期具注暦篇(前掲)参照。

(6)『御堂関白記』より窺える道長の生活と陰陽道の関わりについては、中島和歌子「『御堂関白記』の陰陽道」(『国文学研究資料館紀要』文学研究篇四〇号、二〇一四年)があり参考になる。
(7)『日本古代政治社会思想』所収(前掲)。
(8)復元は『日本暦日総覧』(前掲)および国立天文台本『大唐陰陽書』によった。
(9)中村璋八『日本陰陽道書の研究』(前掲)所収。
(10)山下克明「『陰陽博士安倍孝重勘進記』の復元」(『年代学(天文・暦・陰陽道)の研究』大東文化大学東洋研究所、一九九六年)、詫間直樹・高田義人「陰陽博士安倍孝重勘進記」(『陰陽道関係史料』汲古書院、二〇〇一年)。
(11)木簡学会『日本古代木簡集成』(東京大学出版会、二〇〇三年)図版・釈文№四二八。巽淳一郎『まじないの世界Ⅱ(歴史時代)』(『日本の美術』三六一、至文堂、一九九六年)五五頁。
(12)桃裕行「平安時代の恵方詣」(『古記録の研究』上、桃裕行著作集4、思文閣出版、一九八八年、初出は一九五六年)。
(13)中島和歌子「『御堂関白記』の陰陽道」(前掲)。
(14)加納重文「方忌考」(『秋田大学教育学部研究紀要』人文科学・社会科学二三集、一九七三年)参照。
(15)ベルナール・フランク(斎藤広信訳)『方忌と方違え』(岩波書店、一九八九年)、加納重文「方違考」(『中古文学』二四号、一九七九年)参照。
(16)山下克明『平安時代陰陽道史研究』第一部第五章院政期の大将軍信仰と大将軍堂(思文閣出版、二〇一五年、初出は二〇一二年)。
(17)厚谷和雄「時と漏刻」(『日本の時代史』29「日本史の環境」所収、吉川弘文館、二〇〇四年)。
(18)古橋信孝『文学はなぜ必要か』(笠間書院、二〇一五年)七七頁以下。
(19)古橋信孝注18書、九八頁。
(20)倉本一宏『紫式部と平安の都』(吉川弘文館、二〇一四年)三〇頁。

(21) 丸山裕美子『清少納言と紫式部』(山川出版社、二〇一五年)八三頁以下。
(22) 岡田芳朗「具注暦と仮名暦の概要」(岡田芳朗他編『日本暦日総覧』具注暦篇、古代後期1、本の友社、一九九二年)。
(23) 桃裕行「暦」(『暦法の研究』上、前掲、初出は一九七九年)。また伊東和彦「「乗船型」吉事注について」(岡田芳朗他編『日本暦日総覧』具注暦篇、中世後期1、本の友社、一九九五年)参照。

〈第四章〉

(1) 日記・古記録の概要については山中裕編『古記録と日記』上巻(思文閣出版、一九九三年)の各論参照。
(2) 平安中期書写の「九暦断簡」(天慶四年七月・八月条)の形状について「大日本古記録」解題では、「大体の体裁は本文はすべて天界より書き、記事のない日も必ず日付干支を記し」「上欄には物忌其他の注記があり」と記しているが、その書写形態からも、具注暦上欄に道長の物忌を注記する『御堂関白記』原本と同様に具注暦に書かれていた『九暦』原本の姿を想像することができる。
(3) 「大日本古記録」解説に、自筆原本は「具注暦(半年分一巻)に書込んだものと思われる。そのことは、此記が「殿暦」と称せられたこと、及び古写本に「裏書云」とあることによっても立証せられる」とし、また陽明文庫蔵の古写本二二冊本について、「一冊の中、前・後半で筆跡を異にしていることは、もと半年分一巻を写し」たもので「此古写本が底本としたのは、半年分一巻の具注暦、即ち自筆本ではなかったか」としている。
(4) 山下克明「『養和二年記』について」(『平安時代の宗教文化と陰陽道』第一部第五章、前掲、初出は一九八七年)。
(5) 山下克明「若杉家文書『反閇作法并作法』『反閇部類記』」(『東洋研究』一六五号、二〇〇七年)で翻刻を行っている。
(6) すでに『図書寮典籍解題』歴史篇(養徳社、一九五〇年)一〇二頁に指摘がある。

(7) 玉井幸助『日記文学概説』第二篇(目黒書店、一九四五年)。
(8) 村井康彦「私日記の成立」(前掲注1書)。
(9) 松薗斉「王朝日記の発生」(『王朝日記論』法政大学出版局、二〇〇六年、初出は二〇〇一年)。
(10) 桃裕行「暦」(『暦法の研究』上、前掲、初出は一九七九年)。
(11) 古瀬奈津子「平安時代の「儀式」と天皇」(『日本古代王権と儀式』吉川弘文館、一九九八年、初出は一九八六年)。
(12) 松薗斉『日記の家』(吉川弘文館、一九九七年)第一章。
(13) 遠藤珠紀「中世における具注暦の性格と変遷」(前掲)。
(14) 室町時代の天皇の御暦については、木村真美子「中世天皇の暦」(『室町時代研究』二、二〇〇八年)がある。
(15) 厚谷和雄編「暦史料編年目録稿」(『具注暦を中心とする暦史料の集成をその史料学的研究』二〇〇六~二〇〇七年度科学研究費補助金・基盤研究(c)研究成果報告書、研究代表者厚谷和雄、二〇〇八年三月)。
(16) 尾上陽一「『民経記』と暦記・日次記」(五味文彦編著『日記に中世を読む』吉川弘文館、一九九八年)。
(17) 遠藤珠紀「『勘仲記』にみる暦記の特質」(前掲書、初出は二〇〇八年)。
(18) 山下克明「頒暦制度の崩壊と暦家賀茂氏」(『平安時代の宗教文化と陰陽道』、前掲)。
(19) 桃裕行「京暦と三島暦との日の食違いについて」(『暦法の研究』下、桃裕行著作集8、思文閣出版、一九九〇年、初出は一九六〇年)。
(20) 木場明志「本能寺の変と天正10年の暦」(『MUSEUM KYUSHU』45号)。内閣文庫本『勧修寺家御記』天正十年二月三日条の影印と翻刻が載せられている。

〈全巻を通しての主要参考文献〉

岡田芳朗『日本の暦』木耳社、一九七二年

広瀬秀雄『暦』日本史小百科5、近藤出版社、一九七五年
内田正男『日本暦日原典』雄山閣出版、一九七五年
渡邊敏夫『日本の暦』雄山閣出版、一九七六年
中村璋八『日本陰陽道書の研究』汲古書院、一九八五年
湯浅吉美『日本暦日便覧』汲古書院、一九八八年
大谷光男・岡田芳朗・古川麒一郎・伊東和彦編『日本暦日総覧』古代前~中世後期具注暦篇、本の友社、一九九二~九五年
桃裕行『古記録の研究』上、桃裕行著作集4、思文閣出版、一九八八年、『暦法の研究』上、下、桃裕行著作集七、八、思文閣出版、一九九〇年
大谷光男『東アジアの古代史を探る』大東文化大学東洋研究所、一九九九年
厚谷和雄編『具注暦を中心とする暦史料の集成をその史料学的研究』二〇〇六~二〇〇七年度科学研究費補助金・基盤研究(c)研究成果報告書、研究代表者厚谷和雄、二〇〇八年三月
細井浩志『日本史を学ぶための〈古代の暦〉入門』吉川弘文館、二〇一四年
山下克明『平安時代の宗教文化と陰陽道』岩田書院、一九九六年
山下克明『平安時代陰陽道史研究』思文閣出版、二〇一五年

〈その他〉

『御堂関白記』、『陽明叢書』記録文書篇1~5、思文閣出版、一九八三~八四年
東京大学史料編纂所・古記録フルデータベース、
国際日本文化研究センター・摂関期古記録データベース

| 節月 | 日 | 二十四節 | 七十二候・土用 | 六十卦 | 日出入時刻と昼夜時刻 | 伏竜所在・往亡 |
|---|---|---|---|---|---|---|
| 正 | 1 | 立春正月節 | 東風解凍 | 侯少過外 | 日出卯三刻五分　日入酉初二分　昼卌四刻　夜五十六刻 | 伏竜在内庭去堂六尺六十日 |
| | 4 | | | 大夫蒙 | | |
| | 6 | 蟄虫始振 | | | | |
| | 7 | | | | | 往亡 |
| | 9 | | | | 日出卯三刻四分　日入酉初三分　昼卌五刻　夜五十五刻 | |
| | 10 | | | 卿益 | | |
| | 11 | | 魚上氷 | | | |
| | 16 | 雨水正月中 | 獺祭魚 | 公漸 | | |
| | 17 | | | | 日出卯三刻二分　日入酉初五分　昼卌六刻　夜五十四刻 | |
| | 21 | | 鴻鴈来 | | | |
| | 22 | | | 辟泰 | | |
| | 25 | | | | 日出卯三刻　日入酉一刻一分　昼卌七刻　夜五十三刻 | |
| | 26 | | 草木萌動 | | | |
| | 28 | | | 侯需内 | | |

| 月 | 日 | 節気 | 候 | 卦 | 日出・日入 | 昼夜 | 備考 |
|---|---|---|---|---|---|---|---|
| 二月 | 1 | 驚蟄二月節 | 桃始華 | 侯需外 | | | |
| | 3 | | | | 日出卯二刻四分<br>日入酉一刻三分 | 昼卌八刻<br>夜五十二刻 | |
| | 4 | | | 大夫随 | | | |
| | 6 | | 倉庚鳴 | | | | |
| | 10 | | | 卿晋 | | | |
| | 11 | | 鷹化為鳩 | | 日出卯二刻二分<br>日入酉一刻五分 | 昼卌九刻<br>夜五十一刻 | |
| | 14 | | | | | | 往亡 |
| | 16 | 春分二月中 | 玄鳥至 | 公解 | | | |
| | 18 | | | | 日出卯時正<br>日入酉時正 | 昼五十刻<br>夜五十刻 | |
| | 21 | | 雷乃発声 | | | | |
| | 22 | | | 辟大壮 | | | |
| | 25 | | | | 日出卯一刻五分<br>日入酉二刻二分 | 昼五十一刻<br>夜卌九刻 | |
| | 26 | | 始電 | | | | |
| | 28 | | | 侯予内 | | | |
| 三月 | 1 | 清明三月節 | 桐始華 | 侯予外 | | | 伏竜在門内百日 |
| | 3 | | | | 日出卯一刻三分<br>日入酉二刻四分 | 昼五十二刻<br>夜卌八刻 | |

| 月 | 日 | | | | | |
|---|---|---|---|---|---|---|
| | 4 | | | 大夫訟 | | |
| | 6 | | 田鼠化為鴽 | | | |
| | 10 | | | 卿蠱 | | |
| | 11 | | 虹始見 | | 日出卯一刻一分 日入酉三刻 昼五十三刻 夜卌七刻 | |
| | 13 | | 土用事 | | | |
| | 16 | 穀雨三月中 | 萍始生 | 公革 | | |
| | 19 | | | | 日出卯初五分 日入酉三刻二分 昼五十四刻 夜卌六刻 | |
| | 21 | | 鳴鳩払其羽 | | | 往亡 |
| | 22 | | | 辟夬 | | |
| | 26 | | 戴勝降桑 | | | |
| | 27 | | | | 日出卯初三分 日入酉三刻四分 昼五十五刻 夜卌五刻 | |
| | 28 | | | 侯旅内 | | |
| 四 | 1 | 立夏四月節 | 螻蟈鳴 | 侯旅外 | | |
| | 4 | | | 大夫師 | | |
| | 5 | | | | 日出卯初二分 日入酉三刻五分 昼五十六刻 夜卌四刻 | |
| | 6 | | 蚯蚓出 | | | |

| 五 | | | | | | |
|---|---|---|---|---|---|---|
| 8 | | | | | | 往亡 |
| 10 | | | 卿比 | | | |
| 11 | | 王瓜生 | | | | |
| 13 | | | | 日出卯初一分 日入酉四刻一分 | 昼五十七刻 夜卌三刻 | |
| 16 | 小満四月中 | 苦菜秀 | 公小畜 | | | |
| 21 | | 靡草死 | | 日出寅四刻 日入戌初一分 | 昼五十八刻 夜卌二刻 | |
| 22 | | | 辟乾 | | | |
| 26 | | 小暑至 | | | | |
| 28 | | | 侯大有内 | | | |
| 1 | 芒種五月節 | 螳螂生 | 侯大有外 | 日出寅三刻五分 日入戌初二分 | 昼五十九刻 夜卌一刻 | |
| 4 | | | 大夫家人 | | | |
| 6 | | 鵙始鳴 | | | | |
| 10 | | | 卿井 | | | |
| 11 | | 反舌無声 | | | | |
| 13 | | | | 日出寅三刻四分半 日入戌初二分 | 昼六十刻 夜卌刻 | |
| 16 | 夏至五月中 | 鹿角解 | 公咸 | | | 往亡 |

| 月 | 日 | 節気 | 候 | 卦 | 日出入 | 昼夜 | 注 |
|---|---|---|---|---|---|---|---|
| | 21 | | 蟬始鳴 | | | | |
| | 22 | | | 辟姤 | | | |
| | 26 | | 半夏生 | | | | |
| | 28 | | | 侯鼎内 | | | |
| 六 | 1 | 小暑六月節 | 温風至 | 侯鼎外 | 日出寅三刻五分 日入戌初二分 | 昼五十九刻 夜卅一刻 | |
| | 4 | | | 大夫豊 | | | |
| | 6 | | 蟋蟀居壁 | | | | |
| | 10 | | | 卿渙 | | | |
| | 11 | | 鷹乃学習 | | | | 伏竜在東垣六十日 |
| | 13 | | 土用事 | | 日出寅四刻 日入戌初一分 | 昼五十八刻 夜卅二刻 | |
| | 16 | 大暑六月中 | 腐草為蛍 | 公履 | | | |
| | 21 | | 土潤溽暑 | | | | |
| | 22 | | | 辟遁 | | | |
| | 23 | | | | 日出卯初一分 日入酉四刻一分 | 昼五十七刻 夜卅三刻 | |
| | 24 | | | | | | 往亡 |
| | 26 | | 大雨時行 | | | | |
| | 28 | | | 侯常内 | | | |

| 月 | 日 | 節気 | 七十二候 | 卦 | 日出・日入 | 昼夜 | 備考 |
| --- | --- | --- | --- | --- | --- | --- | --- |
| 七 | 1 | 立秋七月節 | 涼風至 | 侯常外 | 日出卯初二分<br>日入酉三刻五分 | 昼五十六刻<br>夜卅四刻 | |
| | 4 | | | 大夫節 | | | |
| | 6 | | 白露降 | | | | |
| | 9 | | | | 日出卯初三分<br>日入酉三刻四分 | 昼五十五刻<br>夜卅五刻 | 往亡 |
| | 10 | | | 卿同人 | | | |
| | 11 | | 寒蝉鳴 | | | | |
| | 16 | 処暑七月中 | 鷹乃祭鳥 | 公損 | | | |
| | 17 | | | | 日出卯初五分<br>日入酉三刻二分 | 昼五十四刻<br>夜卅六刻 | |
| | 21 | | 天地始粛 | | | | |
| | 22 | | | 辟否 | | | |
| | 25 | | | | 日出卯一刻一分<br>日入酉三刻 | 昼五十三刻<br>夜卅七刻 | |
| | 26 | | 禾乃登 | | | | |
| | 28 | | | 侯巽内 | | | |
| 八 | 1 | 白露八月節 | 鴻鴈来 | 侯巽外 | | | |
| | 3 | | | | 日出卯一刻三分<br>日入酉二刻四分 | 昼五十二刻<br>夜卅八刻 | |
| | 4 | | | 大夫萃 | | | |

| 月 | 日 | 節気 | 候 | 卦 | 日出入 | 昼夜 | 備考 |
|---|---|---|---|---|---|---|---|
| | 6 | | 玄鳥帰 | | | | |
| | 10 | | | 卿大畜 | | | |
| | 11 | | 群鳥養羞 | | 日出卯一刻五分 入酉二刻二分 | 昼五十一刻日 夜卌九刻 | 伏竜在四隅百日 |
| | 16 | 秋分八月中 | 雷乃収声 | 公賁 | | | |
| | 18 | | | | 日出卯時正 日入酉時正 | 昼五十刻 夜五十刻 | 往亡 |
| | 21 | | 蟄虫坏戸 | | | | |
| | 22 | | | 辟観 | | | |
| | 25 | | | | 日出卯二刻二分 日入酉一刻五分 | 昼卌九刻 夜五十一刻 | |
| | 26 | | 水始涸 | | | | |
| | 28 | | | 侯帰妹内 | | | |
| 九 | 1 | 寒露九月節 | 鴻鴈来賓 | 侯帰妹外 | | | |
| | 3 | | | | 日出卯二刻四分 日入酉一刻三分 | 昼卌八刻 夜五十二刻 | |
| | 4 | | | 大夫無妄 | | | |
| | 6 | | 雀入大水為蛤 | | | | |
| | 10 | | | 卿明夷 | | | |
| | 11 | | 菊有黄花 | | 日出卯三刻 日入酉一刻一分 | 昼卌七刻 夜五十三刻 | |

| 十 | | | | | |
|---|---|---|---|---|---|
| 13 | | 土用事 | | | |
| 16 | 霜降九月中 | 豺乃祭獣 | 公困 | | |
| 19 | | | | 日出卯三刻二分<br>日入酉初五分<br>昼卅六刻<br>夜五十四刻 | |
| 21 | | 草木黄落 | | | |
| 22 | | | 辟剥 | | |
| 27 | | | | 日出卯三刻四分<br>日入酉初三分<br>昼卅五刻<br>夜五十五刻 | 往亡 |
| 28 | | | 侯艮内 | | |
| 1 | 立冬十月節 | 水始氷 | 侯艮外 | | |
| 4 | | | 大夫既済 | | |
| 5 | | | | 日出卯三刻五分<br>日入酉初二分<br>昼卅四刻<br>夜五十六刻 | |
| 6 | | 地始凍 | | | |
| 10 | | | 卿噬嗑 | | 往亡 |
| 11 | | 野鶏入大水為蜃 | | | |
| 13 | | | | 日出卯四刻一分<br>日入酉初一分<br>昼卅三刻<br>夜五十七刻 | |
| 16 | 小雪十月中 | 虹蔵不見 | 公大過 | | |
| 21 | | 天気上騰地気下降 | | 日出辰初一分<br>日入申四刻<br>昼卅二刻<br>夜五十八刻 | |

| | | | 十一 | | | | | | | | | | | | 十二 | |
|---|---|---|---|---|---|---|---|---|---|---|---|---|---|---|---|---|
| 22 | 26 | 28 | 1 | 4 | 9 | 10 | 11 | 13 | 16 | 20 | 21 | 22 | 26 | 28 | 1 | 4 |
| | | | 大雪十一月節 | | | | | | 冬至十一月中 | | | | | | 小寒十二月節 | |
| | 閉塞而成冬 | | 鶡鳥不鳴 | | 武始交 | | 茘挺生 | | 蚯蚓結 | | 麋角解 | | 水泉動 | | 鴈北嚮 | |
| 辟坤 | | 侯未済内 | 侯未済外 | 大夫蹇 | | 卿頤 | | | 公中孚 | | | 辟復 | | 侯屯内 | 侯屯外 | 大夫謙 |
| | | | 日出辰初二分 日入申三刻五分 昼卌一刻 夜五十九刻 | | | | | 日出辰初二分 日入申三刻四分半 昼卌刻 夜六十刻 | | | | | | | 日出辰初二分 日入申三刻五分 昼卌一刻 夜五十九刻 | |
| | | | | | | | | | | 往亡 | 伏竜在竈内卌日 | | | | | |

| | | | | | | |
|---|---|---|---|---|---|---|
| 6 | | 鵲始巣 | | | | |
| 10 | | | 卿睽 | | | |
| 11 | | 野鶏始雊 | | | | |
| 13 | | 土用事 | | 日出辰初一分<br>日入申四刻 | 昼卌二刻<br>夜五十八刻 | |
| 16 | 大寒十二月中 | 鶏始乳 | 公升 | | | |
| 21 | | 鷙鳥厲疾 | | | | |
| 22 | | | 辟臨 | | | |
| 23 | | | | 日出卯四刻一分<br>日入酉初一分 | 昼卌三刻<br>夜五十七刻 | |
| 26 | | 水沢腹堅 | | | | |
| 28 | | | 侯小過内 | | | |
| 30 | | | | | | 往亡 |

# あとがき

私が具注暦に関心を持つようになったのは、桃裕行先生の影響によるところが大きい。旧著『平安時代の宗教文化と陰陽道』のあとがきでも書いたが、東京大学史料編纂所の定年のあと立正大学史学科に移られた先生のもとで「小右記講読会」が行われ、そこへの参加を機に私は、先生から古記録の読みとさまざまな文献に関する教えを戴いた。少し驚いたのは、古記録の大家である先生は御先祖の桃東園が暦学者中根元圭の門下であったこともあり暦算に関心をもたれていたことであった。広瀬秀雄、内田正男氏ら東京大学東京天文台（現国立天文台）の方々と交流して宣明暦の計算を行い、宣明暦行用期の月朔表、節気表を作られ、それを暦の断簡や史料の年代確定に生かされていた。また長年にわたり史料採訪の場で閲覧した暦をノートに抄写され、その数は四〇冊余りにおよび、諸機関に所在する具注暦・仮名暦のカードを作られ、古暦に関する論文も多数書かれていた。

「小右記講読会」では門下の佐藤均・大野和弥・香取俊光氏や早稲田から参加した小坂眞二氏らとともに会読が行われたが、その時間の前後に暦道や陰陽道関係の話しを伺うことが私のたのしみだった。陰陽家の系図は『医陰系図』が詳細で利用価値が高いこと、暦注のことは『大唐陰陽書』、これも六・七点写本があること、天文道の勘文は『家秘要録』をみるとよい、など基本的なことを多くを学んだ。京都府立総合資料館の若杉家文書公開直後には先生を中心とした年代学研究会で上洛して村山修一氏から解説をお聞きし、陽明文庫で『御堂関白記』の自筆本具注暦を拝見したのも、その時がはじめてであった。

立正大学での先生の定年も近づき、具注暦の写真や暦の所在カードをわれわれが整理し、コピーの副本を作ったことも思い出される。やはり先生に教えを受けた藤本孝一氏らによりまとめられた、『桃裕行著作集』全八巻の第七・八巻に宣明暦・宿曜道および古暦の研究が収められている。

史料編纂所の厚谷和雄氏も桃先生の教えを受けられ、具注暦・仮名暦所在カードを基にさらに調査を重ね増補・改訂して、二〇〇八年に「暦史料編年目録稿」にまとめられた。本書の具注暦のさまざまなデータもそれを活用させていただいたところが多く、お礼を申し述べたいと思う。また年代学研究会の大谷光男・岡田芳朗・古川麒一郎・伊東和彦氏編『日本暦日総覧』は、暦調査のうえ古代から中世までの毎年の具注暦を電算プログラムで復元したもので、歴史上の暦日と暦注の確認を容易に行うことができ、その利用価値はきわめて高い。近年、日本文化の各面で陰陽道や陰陽師の社会的な影響を検討する研究が行われるようになり、暦研究も生活文化の一環として重視されつつある。細井浩志氏の『日本史を学ぶための〈古代の暦〉入門』は、暦構成のバックグラウンドをなす天体の運行などの科学的解説を平易に説きつつ古代の暦の問題を述べたもので、その面で本書を補うものである。

本書は不十分なところはありますが、このような研究の成果のうえに成り立つものです。おわりに本書をまとめる機会を戴いた倉本一宏氏に感謝いたします。

二〇一七年六月

山下克明

山下克明（やました　かつあき）

1952年、千葉県船橋市に生まれる。

青山学院大学大学院文学研究科博士課程単位取得退学。博士（歴史学、青山学院大学）。現在、大東文化大学東洋研究所兼任研究員。

主要著書に、『平安時代の宗教文化と陰陽道』（岩田書院、1996年）、『陰陽道の発見』（NHK出版、2010年）、『平安時代陰陽道史研究』（思文閣出版、2015年）などがある。

日記で読む日本史 2
平安貴族社会と具注暦

二〇一七年七月三十一日　初版発行

著　者　山下克明
発行者　片岡　敦
印刷・製本　亜細亜印刷株式会社

発行所　株式会社 臨川書店
606-8204 京都市左京区田中下柳町八番地
電話（〇七五）七二一—七一一一
郵便振替　〇一〇七〇—二—八〇〇

落丁本・乱丁本はお取替えいたします
定価はカバーに表示してあります

ISBN 978-4-653-04342-3　C0321

〔ISBN 978-4-653-04340-9　C0321　セット〕

印東道子・白川千尋・関 雄二 編

# フィールドワーク選書 全20巻

四六判ソフトカバー／平均200頁／各巻予価 本体2,000円+税 臨川書店 刊

1 ドリアン王国探訪記 マレーシア先住民の生きる世界 信田敏宏 著 本体二、〇〇〇円＋税

2 微笑みの国の工場 タイで働くということ 平井京之介 著 本体二、〇〇〇円＋税

3 クジラとともに生きる アラスカ先住民の現在 岸上伸啓 著 本体二、〇〇〇円＋税

4 南太平洋のサンゴ島を掘る 女性考古学者の謎解き 印東道子 著 本体二、〇〇〇円＋税

5 人間にとってスイカとは何か カラハリ狩猟民と考える 池谷和信 著 本体二、〇〇〇円＋税

6 アンデスの文化遺産を活かす 考古学者と盗掘者の対話 関 雄二 著 本体二、〇〇〇円＋税

7 タイワンイノシシを追う 民族学と考古学の出会い 野林厚志 著 本体二、〇〇〇円＋税

8 身をもって知る技法 マダガスカルの漁師に学ぶ 飯田 卓 著 本体二、〇〇〇円＋税

9 人類学者は草原に育つ 変貌するモンゴルとともに 小長谷有紀 著 本体二、〇〇〇円＋税

10 西アフリカの王国を掘る 文化人類学から考古学へ 竹沢尚一郎 著 本体二、〇〇〇円＋税

11 音楽からインド社会を知る 弟子と調査者のはざま 寺田吉孝 著 本体二、〇〇〇円＋税

12 インド染織の現場 つくり手たちに学ぶ 上羽陽子 著 本体二、〇〇〇円＋税

13 シベリアで生命の暖かさを感じる 佐々木史郎 著 本体二、〇〇〇円＋税

14 スリランカで運命論者になる 仏教とカーストが生きる島 杉本良男 著 本体二、〇〇〇円＋税

15 言葉から文化を読む アラビアンナイトの言語世界 西尾哲夫 著 本体二、〇〇〇円＋税

16 城壁内からみるイタリア ジェンダーを問い直す 宇田川妙子 著 本体二、〇〇〇円＋税

17 コリアン社会の変貌と越境 朝倉敏夫 著 本体二、〇〇〇円＋税

18 大地の民に学ぶ 激動する故郷、中国 韓 敏 著 本体二、〇〇〇円＋税

19 仮面の世界を探る アフリカ、そしてミュージアム 吉田憲司 著 本体二、〇〇〇円＋税

20 南太平洋の伝統医療とむきあう マラリア対策の現場から 白川千尋 著 本体二、〇〇〇円＋税

＊白抜は既刊・一部タイトル予定